U0169541

虚拟现实技术与实践

Technology and Practice of Virtual Reality
——IdeaVR2021 操作实务

编辑委员会

主　编：陈昌辉 刘康平 周清会

副主编：侯钰钰 师婵媛

编　委：苏　鹏 陆春宇 于丽莎 张建国

　　　　吕艺青 豆士举 王阳泰 国琪伟

　　　　吴　敏 杨红喆 许轶超 杨帅帅

上海科学普及出版社

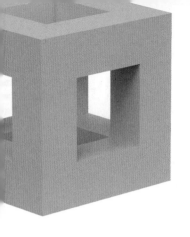

PREFACE
序言

    虚拟现实技术是当今科学技术发展中十分重要的领域。在 2021 年"元宇宙"概念的生发和推进之下，其引发了人们对虚拟现实技术在工业制造、艺术表现、休闲娱乐，以及教学培训等方面更广泛的探索和更深入的研究。

    虚拟现实来自现实，又超越现实。一般来说，虚拟现实技术综合了众多的学科优势和技术应用，如计算机图形技术、多媒体技术、人工智能技术、网络技术、传感器技术……所以对广大使用者而言，快速掌握虚拟现实技术并以此进行相关的开发和制作具有非常大的难度。然而，值得高兴的是在虚拟现实技术迅速发展的同时，各种专业化和大众化的虚拟现实创作工具也应运而生，为大家进行虚拟现实内容的创作和更新提供了更多的解决方案。其中，Unity 3D 和 Unreal Engine 是目前专业化程度相对较高的 VR 创作引擎，而 IdeaVR 则是国产的可以"零编程"实现虚拟现实制作的 VR 引擎。IdeaVR 由上海曼恒数字技术有限公司开发，是专为教育、医疗、商业等领域打造的一款虚拟现实引擎。其操作方法精简易学，即使是非计算机专业、未系统学过编程的开发人员也能很快掌握操作要领，大幅降低了使用虚拟现实技术的门槛。IdeaVR 能够帮助用户构造各种高风险、高成本、不可逆、不可及的应用场景，并于其中实现教学培训、模拟训练、营销展示等技术内容。

    《虚拟现实技术与实践——IdeaVR2021 操作实务》是陈昌辉和刘康平教师在周清会先生等上海曼恒数字专业人员的协助下编写而

成。该书基于大学虚拟现实技术相关课程的需求，分门别类，由浅入深，系统地讲述了与虚拟现实技术相关联的涉及技术应用与实践的一系列问题，尤其是 VR 及 IdeaVR 虚拟现实场景构建，以及 IdeaVR2021 操作实务，非常适合"虚拟现实技术与实现""虚拟现实交互技术""走进 VR"等大学有关课程的教学需要。

　　高校专业教师和 VR 企业设计师们的相互协作，在虚拟现实技术知识普及方面所做的尝试，与上海应用技术大学"应用导向、技术创新"的特色定位，"依产业而兴、托科技而强"的办学理念，以及"协同创新、共创价值"的发展模式是一致的。希望通过他们的努力，能为提高学生科技创新的水平，提升高校高素质人才的培养做出更大的贡献。

张锁怀

上海应用技术大学副校长

2022.02.21

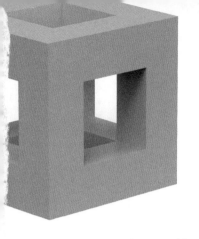

CONTENTS
目录

CONTENTS

第一章
关于虚拟现实技术

1 第一节 VR、AR 与 MR、XR

虚拟现实（Virtual Reality）简称 VR 与增强现实（Augmented Reality）简称 AR 是大家相对比较熟悉的概念，混合现实（Mixed Reality）简称 MR 和扩展现实（Extended Reality）简称 XR 的含义又是什么呢？虚拟现实和扩展现实是一回事吗？它们都有哪些特点？首先，我们来了解一下虚拟现实 VR 的概念。或许很多人会认为虚拟现实是个新兴事物，但其实早在 20 世纪一系列科幻题材的小说、电影中就已经给我们勾画出了虚拟现实的雏形。而在著名的好莱坞大导演斯皮尔伯格拍摄的电影《头号玩家》中，更是直接将我们带进了 2045 年那个未来的世界，一个人人都生活在虚拟现实空间里的境界。虽然现在我们还无法像电影中男主角韦德沃兹一样生活，但是这个看似遥远的未来比想象中还要接近我们的社会生活。如今科幻电影中的情节正在一步一步地走进人们的现实世界。比如你戴上一个"头显"之后，瞬间就能感

觉化身为任何人，并出现在某个特定的时间、特定的地点，甚至可以跟《头号玩家》里的男主角一起飙车，一起拯救世界！近年来，随着 Oculus Rift，HTC Vive 等产品的出现，虚拟现实设备已经逐渐进入人们的日常生活，不过仍然有不少人心存疑问。虚拟现实究竟是什么？为什么会将虚拟与现实这两个反义词放在一起？虚拟现实技术，也称为灵境技术或人工环境，是指用计算机营造出来的一个虚拟的世界，一个能让人们感觉就像是真的一样的世界。具体来说，其是以计算机技

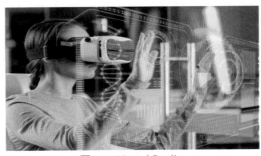

图 1-1 Virtual Reality

术为核心，综合了计算机图形学，以及仿真技术、多媒体技术、人工智能技术、计算机网络技术、传感器技术、光学技术等现代高科技生成的一个集视觉、听觉、触觉、嗅觉和味觉等感官模拟于一体的虚拟环境。在这

个多维的信息空间内，我们可以通过多种设备，来与虚拟环境中的对象进行交互，从而产生身临其境的感受和体验。那么虚拟现实

图 1-2　Virtual Reality

带人们进入的这个世界到底是什么样的呢？它可以是一个真实的世界，比如说我们可以感受从来没有去过的喜马拉雅山顶、马里亚纳海沟等这些奇特的自然景观。又或者，它是一个完全来自人们想象的、人造的世界，比如梵高画作里的咖啡馆，在这里我们可以坐在 17 世纪充满传奇色彩的印象派画家梵高的身旁，跟他一起喝咖啡。在这个由 VR 构建的咖啡馆里，通过"头显"还将看到咖啡馆里黄色的灯光发出一闪　闪的光晕。旁边有一个台球桌，墙上还有挂钟；右边有个小吧台，上面摆满了许多酒，再往里走，还会看到许多不同的场景……这个环境中的一切，其实就是虚拟现实技术创建的空间。事实上，这个"虚拟现实技术"一经问世就引起了人们浓厚的兴趣。随着多媒体技术、传感器技术、光学技术等相关技术的高速发展，现在虚拟现实技术已趋于成熟并得到人们的广泛认可。许多人认为，20 世纪 80 年代是个人计算机时代；90 年代是网络时代，21 世纪前十多年是移动互联网时代，而接下来将是虚拟现实技术时代。虚拟现实来自现实，又超越现实。

其将对科学、工程、文化、教育和认知等领域以及人类生活产生深远的影响。

虚拟现实技术具有沉浸性（Immersion）、交互性（Interaction）、构想性（Imagination）等 3 个基本特性。第一个特点是沉浸性，这种沉浸性体现在用户作为主角沉浸到虚拟的空间之中，脱离现有的真实环境，但获得和真实世界相同或者类似的感知，并产生身临其境的感受。为了实现尽可能好的沉浸感，虚拟现实系统需要具备人体的感官特性，包括视觉、听觉、嗅觉、触觉等，其中视觉是虚拟现实最重要的感知接口，因为人类大脑获取的信息有超过 80% 来自于视觉。第二个特点是交互性，就像前面我们提到的在"梵高的咖啡馆"里，可以按照我们设置的路径行走或者去触碰里面的东西。交互性是通过相应的设备进行人机交互的，包括用户对虚拟环境中对象的可操作程度和从虚拟环境中得到反馈的真实程度。在 VR 应用中，我们将从过去的只能通过键盘和鼠标这些单维数字信息交互升级为使用多种传感器，如陀螺仪、加速度计、视线追踪和手势识别等三维信息的环境交互，逐渐与现实世界中的交互趋同。第三个特点是构想性。虚拟环境可使用户沉浸其中，并且获得新的知识，提高感性认识和理性认识，从而使用户深化概念和萌发新的联想。因而，虚拟现实不仅可以激发人的创造性思想，拓宽人类的认知范围，还可以自主构想实际不存在的甚至不可能发生的环境空间来扩展人的体验范围。以上三个特点，使用户能在虚拟的环境中做到沉浸其中，超越其上，进出自如和交互自由，它强调了人在虚拟现实环境中的主导作用，即人的感受在整个系统中是最重要的，尤其是交互性和

沉浸感，是虚拟现实技术与其他相关技术，如三维动画、仿真，以及传统的图形、图像技术等的根本区别。

其次，我们来了解一下增强现实 AR 的概念。增强现实技术是将计算机生成的虚拟对象或虚拟信息叠加到真实场景中，从而实现对现实的"增强"。简单地说，AR 就是虚拟和现实的结合，在现实基础上，增加辅助的虚拟信息。增强现实技术作为现实世界和虚拟世界的桥梁，是现实世界力量的延伸，同时也是对虚拟世界进行的补充，使其不迷失于虚拟世界。其作用很大：第一，它是虚实交互，是一种全新的体验。第二，它可以为用户提供更丰富、更有效的信息显示，由此产生更加方便的应用。第三，它可以减少生成复杂环境的费用。第四，它具有与真实的生活情境相结合的可能，将会产生实质性的商业价值。

增强现实也有三个特性，分别是：虚实融合、三维注册、实时交互。虚实融合是指能同时显示虚拟场景和现实场景，可以正确处理虚实物体的遮挡、光影关系，使虚实融为一体，这是一种全新的人机交互技术。利用摄像头、传感器、实时计算和匹配技术，将真实的环境与虚拟的物体实时地叠加在同一个画面，或者是同一个空间，让它们同时存在。三维注册就是在实现增强现实的过程中，先要确定真实场景中的标志物，然后在正确的位置生成虚拟物。这两个部分看似简单，其实在实际进行中，都需要将摄像机获得的真实场景之视频流转化成数字图像，然后通过图像处理技术辨识出预先设置的标志物，在识别出标志物之后，把标志物作为参考结合定位技术，由增强现实程序确定需要

添加的三维虚拟物体在增强现实环境中的位置和方向，并确定数字模板的方向，接着将标识物中的标识符号与预先设定的数字模板镜相匹配，确定需要添加的三维虚拟物体的基本信息，再用程序根据标志物体的位置将虚拟物体放置在正确的位置上。这其中涉及到的识别跟踪和定位系统，是目前增强现实最大的难题，所以要实现虚拟和现实事物的完美结合，就必须确定虚拟物体在现实环境中准确的位置，准确的方向。否则增强现实的效果就会大打折扣。而在现实世界中，由于现实环境的复杂性，增强现实系统在这种环境下的效果远不如在实验室理想环境中的效果。因为现实环境中各种物体的遮挡，光照不均匀，物体运动速度过快等问题，对增强现实的三维注册提出了挑战。实时交互，即用户可以实时地、直观地获取 AR 场景中的信息并进行交互操作。不是说用户看到的场景已经过去了，刚才在那个场景里应该出现的虚拟信息才出现，因为这样的延时会令增强现实的效果不理想。应该让虚拟信息在恰当的时空中及时呈现，并且能够实现交互，这才称得上是实时交互。以上就是增强现实 AR 的三个最基本的特性。

第三，我们来了解一下混合现实 MR 的概念。混合现实技术提供了一种真实世界和虚拟世界的融合环境，其最终目标是实现虚拟信息与现实世界的完美融合和实时交互。作为辅助技术，MR 提高了用户的任务认知能力和态势感知能力，是虚拟现实技术和增强现实技术的进一步融合发展。MR 的定义是：将真实世界和虚拟世界混合在一起，产生新的可视化环境，环境中同时包含了物理实体与虚拟信息，并且是"实时的"。

此外，还有影像现实（Cinematic Reality），其意是虚拟场景与电影特效一样逼真。这是 Google 投资的 Magic Leap 提出的概念，主要为了强调与 VR、AR 技术的不同，但实际上理念是类似的，均是模糊物理世界与虚拟世界的边界，所完成的任务、所应用的场景、所提供的内容，与 MR 产品也是相似的，因此也归作 MR 的范畴了。

最后，我们来了解一下扩展现实 XR 的概念。扩展现实 XR 是指通过计算机技术和可穿戴设备产生的一个真实与虚拟组合的、可人机交互的环境。扩展现实包括增强现实 AR、虚拟现实 VR、混合现实 MR 等多种形式。所以，XR 其实是一个总称，包括了 AR、VR、MR。XR 分为多个层次，从通过有限传感器输入的虚拟世界到完全沉浸式的虚拟世界都涵盖其中。我们可以将 XR 中的"X"理解成一个变量。简单表现为一个公式：XR = VR + AR + MR。未来，人类的交互方式将由 2D 交互向更具效率的 3D 交互转变，3D 视觉交互系统取决于虚拟现实 VR、增强现实 AR 和混合现实 MR 的发展。虚拟现实技术利用头戴设备模拟真实世界的 3D 互动环境；增强现实则是通过电子设备（如手机、平板、眼镜等）将各种信息和影像叠加到现实世界中；混合现实介于 VR 和 AR 之间，在虚拟世界、现实世界和用户之间，利用数字技术实现实时交互的复杂环境。扩展现实技术 XR 被称为未来交互的终极形态，它将改变许多行业的现有格局，并最终改变我们的工作方式、生活方式和社交方式。

第二节　VR、AR、MR概念辨析

前面讲了虚拟现实 VR、增强现实 AR、混合现实 MR 的基本概念和特点，接着我们来谈谈它们之间的主要区别。

首先，VR 和 AR 比较容易区别。虚拟现实 VR 看到的场景和人物全是"假的"（由计算机制作的虚拟信息）。增强现实 AR，看到的场景和人物有一部分是真的，一部分是"假的"，其是把虚拟的信息叠加到现实世界当中。一般而言，AR 如同现实生活中的辅助设备，比如 Google glass，通过它可以实现实景导航，或者是对所见物品的搜索。而 VR 则类似通向虚拟世界的钥匙，戴上头盔就可以进入到"梦幻"般的空间中去遨游。虚拟现实追求的是沉浸感，而增强现实则是强调在现实场景基础上的虚拟内容叠加。

AR 和 MR 相对较难分辨，它们都是一半真实一半虚拟。那么同样是虚实参半，又将如何来区分？一是看虚拟物体的相对位置，是否随设备的移动而移动。如果是，就是 AR 设备；如果不是，就是 MR 设备。二是看在理想状态下（数字光场没有信息损失），虚拟物体与真实物体是否能被区分。AR 设备中呈现的虚拟物体是可以明显看出的，如 GoogleGlass 投射出的随你而动的虚拟信息；而 MR 设备直接向视网膜投射了整个光场信息，用户看到的虚拟物体和真实物体几乎是无法区分的，可以达到真假难辨的地步。

1994 年，Paul Milgram 等人曾提出了"现实 - 虚拟"连续系统（reality-virtuality continuum）的概念，以此来界定 VR、AR、MR 的关系。在连续系统中坐标轴的左边指向"现实环境"，依次向右为"增强现实""增强虚拟（Augmented Vituality）"，坐标轴的右边指向"虚拟环境"，而在"混合现实"中

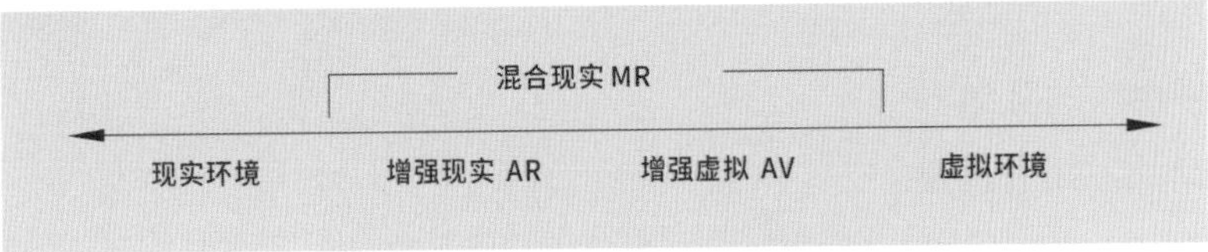

图 1-3 "现实 - 虚拟"连续系统

包含了"增强现实"与"增强虚拟"。增强现实 AR 我们已经了解；那么增强虚拟 AV 又是什么呢？其实它是将真实环境中的特性加在虚拟环境中。例如，手机中的赛车游戏与射击游戏，通过重力感应来调整方向和方位，也就是通过重力传感器、陀螺仪等设备将真实世界中的"重力""磁力"等特性加到了虚拟世界中。从连续系统来看，MR 的概念是比较宽泛的，是虚实融合技术的总称，其中包含了 AR 和 AV。但是，在当前产业中，MR 的含义却与此有出入。

一般出于市场宣传的目的，MR 会被强调为一种更高级的 AR 技术。

现时，AR 技术大多还处于初级形态。一方面，虚拟对象只是简单地叠加在现实世界的场景中，无法与现实中的对象进行有效的遮挡判断、碰撞和互动；虚拟对象的光照、阴影等也很难与现实场景相匹配。另一方面，用户需要通过某个设备的屏幕（手机、Pad 等）或者戴上特制的设备来观看现实对象，其视场角有限，虚拟融合的效果也受到很大的影响。由于这两方面的原因，使得当前的 AR 应用较难达到真正的虚实无缝融合。目前，一些企业宣称混合现实的技术在第一个方面已经有了很大进展。微软的 Hololens 通过感知现实场景的三维信息并准确定位人在场景中的位置，可以实现更深入的虚实交互，如虚拟物体可以准确地"放置"在现实场景中的桌子、沙发上等，并且有遮挡判断，与现实场景融为一体。但就本质而言，这些技术和应用依然属于 AR，企业或是出于宣传的考量将之与一般的 AR 区分开来。此外，Intel 也提出过一个新名词"Merged Reality"（融合现实），简称 MR。实际上其与 AR 或者 Mixed Reality 并无本质差别，只是企业产品宣传的一种策略罢了。

3 第三节 VR主要应用领域

随着 AI 技术的成熟，VR 与行业的融合越来越深入，体验感也在不断提升。从设计到营销，从教育到医疗，以及从出行到文化，VR 正在重新定义各产业的思维模式和运行方式。在娱乐、营销、培训、地产、远程协作等方面具有非常大的发展潜力。

娱乐：为娱乐业带来身临其境的体验，让消费者有机会通过舒适的 VR 设备虚拟体验现场音乐和体育赛事。

营销：为品牌与消费者提供新的互动方式，通过与新产品的沉浸式交互，让消费者能更真实地感受产品。

培训：为培训和教育开辟了新的途径，可以从更传统的教室环境中安全地进行模拟训练，特别是在各种高危环境下工作的人员。同时，医学生可以在虚拟患者的身上进行实践练习。

房地产：物业经理可以允许租户在虚拟环境中查看房产，以简化租赁流程；建筑师和设计师可以利用 XR 将设计变为视觉可见的"现实"。可以更好地评估方案。

远程协作：VR 消除了距离限制，允许员工从世界任何地方进行远程共享数据或相互沟通。

总之，无论是商业领域，还是消费领域，VR 技术都将产生非常大的影响。

然而，在 VR 的普及过程中将面临许多障碍和问题，如网络攻击、实施成本（软件、硬件）、技术与维护、人员需求等。但最关键的是：未来几年，企业将如何参与到这场交互方式的终极变革之中。

4 第四节 VR简要发展历程

图 1-4 早期 VR 设备

近年来，VR一词已成为社会各界的关注焦点，尤其是"元宇宙"的概念出来之后，VR 的热度再次升高。许多在此领域探索的公司也借机推出了一些宣传视频和硬件产品。

2016 年，全球就有 40 余家知名企业同步展出了最新的 VR 科技成果，VR 产业生态链开始逐渐形成。故而，2016 年被称为 VR 元年。不过，也有人认为 1957 年才是 VR 元年，因为 1957 年，电影摄影师莫顿·海利西（Morton Heiling）发明了名为 Sensorama 的仿真模拟器，并在 5 年后为这项技术申请了专利。虚拟技术最初出现时没有正式确定"虚拟现实"的名称，因此这款通过三面显示屏来实现空间感的设备，从本质上说只是一个简单的 3D 显示工具，它无比巨大，用户需要坐在椅子上将头探进设备内部，才能体验到沉浸感。虽然，这款比鼠标还要早诞生 6 年的设备没有太多现实意义，但却

在无形中开启了虚拟技术的先河。由此算来，虚拟现实从出现到现在已有 60 多年的历史。

VR 的发展历程大致可以分为四个阶段：第一阶段是虚拟现实思想的萌芽阶段。1838 年希腊数学家欧几里德发现人类之所以能洞察立体空间，主要是由于左右眼所看到的图像不同，这种现象被称为"双眼视差"。19 世纪三四十年代，有科学家利用双目视差原理发明了可以看出立体画面的立体镜，通过立体镜观察两个并排的立体图像或者照片，给用户提供纵深感和沉浸感，这恐怕就是最早的 VR 眼镜了。这些有关立体性的设计原理，其实就相当于今天较为流行的 3D 立体视觉模拟技术，如影院的 3D 电影屏幕和家用的 3D 电视屏幕，以及结合手机使用谷歌纸板 Google Cardboard 和 VR 头戴式显示器，它们都是通过计算机技术和显示成像技术，对左右眼分别提供一组视角不同的画面来营造出双目视差的环境，从而让人感觉到立体的画面。1929 年出现了第一个飞行模拟器，由美国发明家埃德维·林克率先设计出来，它可能是历史上第一个纯机电的商业飞行模拟器。它由连接到方向舵和转向柱的电动机控制，以修改俯仰和滚转。通过小型电动机驱动的装置可以模拟湍流和扰动。这些拟真和互动的行为就是虚拟仿真技术，可以更加安全地培训飞行员。当时美国军方以 3500 美元购买了 6 套这样的设备，在第二次世界大战期间，超过 50 万名飞行员，使用了 1 万多个这种训练器进行初始培训，以提高他

图 1-5 皮格马利翁的眼镜

们的飞行技能，这就是虚拟现实技术的前身。20 世纪 30 年代，斯坦利的科幻小说《皮格马利翁的眼镜》被认为是探讨虚拟现实的第一部科幻作品，简短的故事中详细描述了这种眼镜的佩戴者可以通过嗅觉、触觉和全息护目镜来体验一个虚拟的世界。当时，作者对那些佩戴护目镜的人经历的描述与如今体验虚拟现实的人之感受有着惊人的相似，这使他成为虚拟现实领域真正的远见者，从此 VR 的大幕拉开了。1957 年，当大部分人还在使用黑白电视的时候，美国发明家莫顿·海利西成功制造出一台能够正常运转的 3D 视频机器，它能让人沉浸于虚拟摩托车上的骑行体验，感受声响、风吹、震动和布鲁克林马路的味道，并给它起名为"全传感仿真器"，其具备立体扬声器、立体显示器，还有风扇、气味发生器和一个震动椅等部件，作者希望通过这些部件刺激观看者的所有感官，使人完全沉浸在电影里。

虚拟现实发展的第二个阶段，也就是虚拟现实技术的出现阶段，是 1963 年到 1972 年。1968 年美国著名的计算机图形学之父、计算机科学家伊凡·苏泽兰开发了第一个利用计算机图形驱动的头戴式立体显示器和头部位置跟踪系统——Sutherland，虽然是头戴式显示器，但由于当时硬件技术限制导致其相当沉重，根本无法独立穿戴，必须在天花板上搭建支撑杆，否则无法正常使用。该独特造型与我国《汉书》中记载的"头悬梁读书"的姿势十分类似，被用户们戏称为悬在头上的"达摩克利斯之剑"，其是 VR 技术史上一个重要的里程碑。伊凡·苏泽兰也因此被称为"虚拟现实之父"。此阶段的技术成果为虚拟现实技术的基本思想产生和理论发展奠定了基础。

第三个阶段是 1972 年到 1990 年，是虚拟现实技术的概念和理论产生的初级阶段。1973 年美国科学家迈伦克鲁格提出 VR 的概念之后，人们对于这个概念的关注逐渐增多。这一时期主要有两件大事，一是迈伦克鲁格设计了 VIDEOPLACE 系统，它是一个计算机生成的虚拟图形环境，使体验者可以看到他本人的图像投影在一个屏幕上。通过协调计算机使它们实时地响应参与者的活动。二是美国 NASA（宇航局）实验中心研制出第一个能进入实际应用的虚拟现实系统，也就是 VIEW 系统。体验者穿戴数据手套和头部跟踪器等硬件设备通过语言、手势等交互方式，形成一个名副其实的虚拟现实系统。目前大多数虚拟现实系统的硬件结构都是从 VIEW 系统发展而来。由此可见，VIEW 系统在虚拟现实技术发展过程中的重要作用。

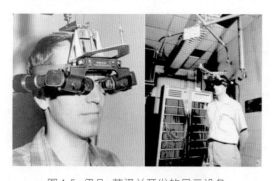

图 1-5 伊凡·苏泽兰开发的显示设备

第四个阶段是虚拟现实技术理论的完善和应用阶段，从 1990 年至今。20 世纪 90 年代，VR 热开启了第一波全球性的蔓延。1993 年至 1995 年，日本游戏公司世嘉和任天堂分别针对游戏产业推出 Sega VR-1 和 Virtual Boy。虽然因为技术不够成熟，产品成本比较高，均以失败告终，但这一时期 VR 的尝试为后续 VR 的技术积累和扩展打下了坚实的基础，极大地丰富了虚拟现实领域的技术理论。与此同时，虚拟现实也在全世界得到推广。

在 21 世纪的首个 10 年里，智能手机迎来大发展，虚拟现实仿佛被人遗忘。尽管在市场尝试上不太乐观，但是人们从未停止在 VR 领域的研究和开拓。由于 VR 技术在科技圈已经充分扩展，科学界与学术界对其越来越重视，VR 在医疗、飞行、制造、军事领域开始得到深入的应用研究，并且随着高密度显示器和 3D 图形功能之智能手机的兴起，使得新一代高实用性的虚拟现实设备成为可能。深度传感摄像机、传感器套件、运动控制器和自然的人机界面，已成为人们日常计算任务的一部分。2014 年 3 月 Facebook 公司以 20 亿美元收购 Oculus VR 公司，该事件强烈刺激了科技圈和资本市场，沉寂多年的 VR 终于迎来爆发。Facebook 收购 Oculus 事件已成为 VR 进入新时代的标志性事件，全球 VR 产业开始进入初步产业化阶段，涌现出 HTC Vive、Oculus Rift、暴风魔镜等一系列优秀产品。与此同时，大批中国企业也纷纷进军 VR 市场。据《中国虚拟现实（VR）行业发展前景预测与投资战略规划分析报告》指出，2015 年，中国虚拟现实行业市场规模达到 15 亿元左右，2016 年达到 56.6 亿元，2020 年，更是接近 600 亿元。目前，中国的虚拟现实产业处于启动期，自 2015 年以来参与到虚拟现实这个领域的企业大幅增加，越来越多的企业已深度涉足虚拟现实领域。可以预计，随着大量头戴眼镜盒子、外接式头戴显示器等 VR 设备将进一步向消费级市场拓展，中国虚拟现实的市场规模必将迎来进一步的大发展，整个 VR 产业生态系统涉及到的头盔设备、交互设备、开发工具、内容分发平台等，将辐射各个行业，覆盖软件、硬件、平台、项目孵化等多个方向。

根据领英发布的数据显示，全球虚拟现实从业者主要集中在欧美等一些以 IT 高科技为主导的创新型国家。中国虚拟现实产业由于近年来发展较快，造成了当下人才紧缺的局面。在全球 VR 人才的三大梯队中，美国、英国、中国的 VR 人才占比分别为 40%，8% 和 2%。而从人才需求来看，中国 VR 人才的需求量达到 18%，居全球第二，仅次于美国。现时，国家正在大力扶持虚拟现实行业。2017 年，中共中央办公厅国务院办公厅印发了《关于促进移动互联网健康有序的发展的意见》，其中要求加紧 AI、VR、AR 等科技核心技术布局，要进一步创新发展，尽快实现部分前沿技术在全球领先。我们坚信，未来中国虚拟现实技术的发展必将迅猛，前景一定不可限量。

第二章
虚拟现实技术与设备

通过前述虚拟现实技术的发展历程，大家是否注意到，虚拟现实的发展主要是从软件与硬件两个方面展开的，其中硬件的发展是最为关键的一环。因为虚拟现实技术的实质是构建一种人为的能与之进行自由交互的虚拟环境，在这个环境中人们可以实时地探索或移动其中

图 2-1 人与虚拟现实系统交互模式图

的对象，并通过人机接口和计算机，也就是虚拟环境进行交互。VR 的人机接口是 VR 系统的硬件设备，虚拟环境向人输出感官刺激信号，给人提供环境感知信息的这种设备，我们可以称其为"感知设备"，又叫"输出设备"。而人向计算机输入自己的动作使之发生响应的设备，我们称它为"跟踪设备"，也叫"输入设备"。

1 第一节　感知设备

感知设备可分为视觉感知设备、听觉感知设备、力觉/触觉感知设备、嗅觉感知设备、味觉感知设备等。我们知道人的感官有眼睛、耳朵、鼻子、舌头等，连接外界世界有大脑的大数据通道，感受着外界事物的刺激。心理学家根据实验得知，人类获取的信息，83% 来自视觉，11% 来自听觉，而这两个加起来有 94%，另外还有 3.5% 来自嗅觉，1.5% 来自触觉，1% 来自味觉，人在虚拟世界中，所有感觉器官的交互都必须依赖于各种特定的传感装置，以及各种物理现象，通过这些装置来刺激人体的感官，并通过我们的大脑分析，最终得出正确的人体感觉。那么，人体的各种感觉器官，如前庭觉等是通过哪些物理设备来感知的呢？首先，我们眼睛所看到的可见光，主要是通过虚拟系统的显示设备来实现；耳朵听到的声音，主要是通过音响设备来实现，而我们身

体感受到的温度、压力等，则需要触觉传感器和体感设备来实现。其次，我们的平衡感，也就是耳朵里感受平衡的前庭器官的前庭感，是通过振动平台来实现。这些物理设备一般称之为虚拟现实系统的输出设备，它们将各种感知信号转变为人体所能接受的多通道刺激信号，而人体的感官就是通过这些设备与虚拟世界进行交互，从而获得与真实世界相同或相似的感知，并产生身临其境的感受。

通常，虚拟现实视觉感知有几种典型的设备与技术，例如：头戴式显示器、立体眼镜、视网膜投影技术、大屏显示技术、自动立体显示技术和全息投影技术。

一、头戴式显示器

头戴式显示器是视觉感知设备之一，也是VR 的标志性设备。相对于入门体验级的手机盒子，VR 头戴式显示器属于 VR 眼镜里的高端存在。为了达到最佳的显示效果，其需要连接计算机（Sony 的 PSVR 是连接 PS4），并使用计算机的中央处理器和显卡来进行运算。

头戴式显示器。头戴式显示设备当下产品众多，且眼镜与头盔混称。VR 眼镜，也称作"VR头盔"，更完整的名称应该是：头戴式显示器（HMD），简称"头显"。目前，头戴式显示器是比较主流的立体显示设备，它上面配有三维定位的跟踪系统，可实时监测头部的位置，反馈给计算机，计算机可根据反馈数据生成反应当时视点位置和朝向的场景图像，并且显示在头盔的屏幕上（基于 PC 型 VR 眼镜）。使用头戴式显示设备时，可以将人与外界完全隔离，使人完全沉浸在虚拟的世界中。而且这个设备有左右两个凸透镜，分别置于人的两眼之前，向左右两眼分别显示具有视差的两幅图像。如此，戴着它的人就可以感受到立体的视觉效果，

如同真的一样。现在的头戴式显示器大致分为三类，即：移动式 VR 眼镜、PC 型 VR 眼镜和VR 一体机。

1. 移动式 VR 眼镜

移动式 VR 眼镜是指以三星 Gear VR 为代表的基于手机的 VR 体验设备。其需要使用手机作为屏幕的移动虚拟现实配件，因此也被称

图 2-2　Google Cardboard

为手机盒子式的 VR。谷歌 cardboard、暴风魔镜等都属于此类设备。

2. PC 型 VR 眼镜

PC 型 VR 眼镜即是需要外接 PC 主机或游戏主机的设备。故而这类设备需要有数据线连接到主机，性能依托主机的配置。一般而言，其是最优良和最稳定的 VR 设备，但问题是价格比较昂贵，而且有数据线的牵绊。

3. VR 一体机

VR 一体机，顾名思义就是自带显示器、陀螺仪、计算模块的机型，它不需额外插入手

图 2-3　HTC vive（PC 型）

图 2-4 Pico 一体机

机或连接电脑就可以独立运行。一体机可以使用移动芯片（如高通骁龙系列）来进行图像和定位计算。脱离了 PC/PS4 等外部设备的连线束缚，即开即用，非常方便。

目前，大部分一体机是头部 3dof + 手柄 3dof，下一代会有头部 6dof 和手柄 6dof 的一体机，如 Pico 的 Neo CV，使用摄像头进行 InsideOut 定位。

一体机最大的优势是便携，头盔显示器虽然显示性能好，但是无法随身携带（如外出旅行）。另外，即便是在房中使用，头盔显示器的连线也会在一定程度上阻碍用户的自由移动。

VR 眼镜的性能、价位、应用场景各不相同，手机盒子方式因为其体验较差（分辨率低、传感器差），从 2018 年开始逐渐被淘汰，一般存在于一些线下快速体验的场景中。而一体机在最近几年逐渐崛起，在 VR 设备中占据了半壁江山。在不久的将来，VR 或许会像手机一样，成为每个人必备的数码设备。

二、立体眼镜

通过佩戴 3D 立体眼镜，能使双目分别看到左右不同的图像，从而产生立体视觉，这种眼镜按照显示原理可以分为分时和过滤两种类型。第一种类型是分时，一般需要电池，可称为主动系统或者有源系统。其显示原理是由于计算机屏幕只有一个，而我们有两只眼睛，又必须使左右两眼所看到的图像各自分开，才能产生立体视觉。分时 3D 立体眼镜，可以让这个视差持续在屏幕上显示，这个分时主要是通过 3D 眼镜显示器同步的信号来实现。当显示器输出左眼图像时，左眼的镜片是透光的状态，右眼则是不透光的，也就是看不见的。而在显示器输出右眼图像时，右眼的镜片是透光的状态，左眼是不透光的，这样两只眼睛就看到了不同的画面，从而达到"欺骗"眼睛的目的。如此，频繁的切换会使双眼分别获得有细微差别的图像，经过大脑计算，最终生成一幅 3D 立体图像。与此同时，再加上人眼视觉暂留的生理特性，我们就可以看到真正的 3D 立体图像了。第二种类型是过滤，不需要电池，可称为被动系统。过去，我们大多使用过一种纸片型的，红绿色或者红蓝色的"立体眼镜"，其基本原理就是有两台放映机，其中一个通过红色滤镜放映红色的影像；另一个通过蓝色的滤镜放映蓝色的影像，当这两个影像同时在银幕上相叠，观众戴上一红一蓝用玻璃纸作为镜片的眼镜，红色镜片可以滤掉蓝色的地方，而蓝色的镜片可以滤掉红色的地方。于是，我们两只眼睛看到的画面是不同的，因而形成了 3D 效果。但是由于滤色不完整，并且看到的资源颜色会有偏差，所以其效果、清晰度都比较差。如果长时间观看这种 3D 影像，还会对眼睛有直接的伤害。

三、视网膜投影技术

在科幻电影《星际迷航》中，有一款视觉与感官替代器 VISOR（图 2-5），在电影中

图 2-5 VISOR

VISOR 是给失明之人使用。而在现实中,有一款产品和它的样子非常像,那就是娱乐工具 Avegant Glyph,其造型不是主要亮点,它的成像技术才比较特别。Avegant Glyph 没有屏幕,是直接把画面投射到你的眼睛上,此时,眼睛就是屏幕。Avegant Glyph VR 眼镜可以不用像之前讲的 Oculus Rift 和 HTC Vive 那样,要用到手柄、基站、耳机、主机以及空旷的场地,它只需连接你的智能设备,如手机、平板或电脑,都能将画面投射到你的眼前。Avegant Glyph VR 眼镜采用头戴式耳机的样式,平常使用时可以当作耳机。如果向下将它翻下来,就可以变成一款 VR 头显了。我们能看到两片透镜,来自低功率 LED 的光线会穿过它直达视网膜,这就是视网膜投影技术,更准确地说是 DLP(Liquid Crystal Display)投影技术,即:数字光学处理技术。听起来有点玄乎,其实现在全世界绝大多数电影院都采用了这个技术,而 Glyph 就相当于把一个电影院打包成一个耳机,直接戴在你的头上,这是真正"行走"的电影院。同时,Glyph 的设计十分人性化,使用时与眼睛之间有足够的空隙,人们的目光能看到身边的事物,不像普通头显那样,因为看不到外界而妨碍行动。另外,视网膜成像技术能更好地顾及视力欠佳群体的使用感受,通过透镜能够水平移动来调节近视,近视眼也能看清画面。并且,根据每个人眼睛的不一样,可以移动透镜片来调节距离。

四、大屏显示技术

大屏显示技术主要有环屏、环幕、球幕和洞穴式立体显示等。人们经常在一些展览馆、游乐园、电影院和会议厅等地方看到的环屏、环幕、球幕、洞穴式立体显示等,均属于此类视觉显示技术,它们被统称为"大屏显示技术"。大屏显示技术系统是一种视听高度沉浸的虚拟仿真显示环境,一般采用多台投影通道组成的环形投影屏幕,由于其屏幕半径宽大,观众的视觉完全被包围。如果配合环绕立体声系统,能使参与者充分体验一种高度身临其境的三维立体视觉享受,获得一个具有高度沉浸感的虚拟仿真、可视的环境,是传统屏幕显示设备不能比拟的。事实上,正是由于该屏幕的显示半径巨大和显示特征导致了其技术的复杂性。通常,一个完整的环幕投影系统需要有以下几种强有力的核心技术进行支撑,即:数字几何矫正技术、多通道视觉同步控制技术、数字图像边缘融合技术。只有具备了这些核心技术才能成功地将三维图形计算机生成的实时三维数字影像实时和同步地输出,并显示在一个具有一定半径和弧度的巨幅环形投影屏幕上,才能形成具有极高分辨率的无任何变形失真的数字三维立体影像。在环幕投影系统中,环幕拼接是一个关键性的步骤。由于柱面投影的特殊性,在没有曲面矫正的情况下是无法保证两个投影画面完全融合的,故环幕系统的多幕投影重叠区域要进行几何矫正和色彩融合,只有这样此处用到的才是投影机无缝拼接。2009 年,诞生了一种新的融合技术——GPU 融合,它可以实现弧面、球面、直面或任意不规则面的混合校正，而且曲面的复杂程度不影响运算速度。

球幕也是比较流行的一种大屏幕显示技术，但它仍然是通过边缘融合技术呈现出球形无缝的逼真画面。此外，还有一种 Cave 洞穴式立体显示系统。Cave 的体验者可以钻进一个有三个面组成的硬质背景投影墙所组成的一个像洞穴一样的虚拟演示环境，这就是 Cave 洞穴式立体显示系统。Cave 是一个基于投影的沉浸式虚拟现实显示系统，其特点是分辨率高，沉浸感强，交互性好。显示原理比较复杂，以计算机图形学为基础，将高分辨率的立体投影显示技术、多通道视景同步技术、音响技术、传感器技术等完美地融合在一起，从而产生一个被三维立体投影画面包围的，可供许多人使用的完全沉浸式的虚拟环境。配合三维跟踪，用户还可以在投影墙包围的一个系统中近距离地接触虚拟三维物体，或者是随意的漫游的虚拟环境。Cave 系统一般应用于高标准的虚拟现实系统，并且可以同时供多人参与交互。由于 Cave 屏幕显示环境能覆盖参与者的全部视野，因此能提供给使用者一种前所未有的沉浸感，一种完全沉浸式的立体显示环境。为人们带来了空前的创新思维模式，例如，工程设计研究人员能够置身于他们所设计的样机（产品）中，如飞机、发动机以及船舶等，进行验证和设计调整；大气学家能钻进旋风的中心，观察空气复杂而又混乱无序的结构；生物学家能够检查 DNA 规则排列的染色体链结构，还可以拆开基因染色体进行科学研究；物理学家、化学家们能够深入到物质的微细结构或进入广袤的环境中进行实验、探索……

五、自动立体显示

自动立体显示技术就是人们常说的裸眼

3D。其基本原理仍然是让左右两眼观看不同的画面产生视差来营造立体感，不过好处是不需要佩戴任何眼镜，因此，必须透过特殊设计的显示屏来达成这个目标。目前的裸眼三维显示领域主要采用的是光栅式立体显示屏，它是在显示屏的表面设置一个"狭缝光栅"的纵向栅栏状光学屏障来控制光线行进的方向，让左右两眼接受不同影像产生视差进而达到立体显示效果。例如，日本的任天堂出过一款 3DS 游戏机，是该公司在 2012 年推出的第四代便携式游戏机，主要利用视差屏障技术，让玩家不需要佩戴特殊的眼镜，就可以感受到裸眼 3D 的图像。另外，还有一种立体显示技术称为"立体三维显示技术"，用户能够从任意的角度感知移动的 3D 图像。其技术原理就是通过一组由近似不可见的激光束所呈现的作用力来捕获一种叫"纤维素"的粒子，并且不均匀地将其加热，这样就可以拉伸纤维素，而第二组激光则把可见光像（如红色、绿色、蓝色等可见光）投影到这个纤维素粒子上，照亮它在空间中高速移动的粒了，因为人类无法通过比每秒十次更快的速度来判别这些图像。所以，如果粒子的移动速度足够快，它的轨迹就如同一条实线，就像是在黑暗中移动的焰火一样。

六、全息投影技术

全息（holography）一词来自希腊语，意思是全部图像信息。全息投影一般不需要任何特殊介质就能在空气里显示出影像，从任何角度观看都不会影响清晰度，而且人可以从画面中走过去，不会撞到任何东西。

2010 年，日本著名的虚拟偶像初音未来通过全息投影技术亮相演唱会，当时场面火爆。现在，类似的技术已在舞台上应用非常广泛，如前些年还原已故明星邓丽君影像的演唱会，以及李宇春的演唱会等，看起来科技感十足。虽然人们都用全息投影称呼它，但其实这些不是真正的全息投影技术，它的名字应该叫做"佩伯尔幻象"，其与全息技术的效果类似，但与真正的全息投影相差甚远。佩伯尔幻象只是一种伪全息，是一种非常巧妙的光学错觉技术，其成像过程就是将灯光照在 LED 地幕的真实影像身上，透过透明的玻璃或者薄膜映射在舞台上的特定区域形成虚拟影像。在搭配了高亮度的灯光之后，佩伯尔幻想的表演通常可以栩栩如生，惟妙惟肖，但实际上，如果你仔细观察就会看出其中的猫腻。在画面中除了看到舞台上虚拟的人物，只能看到台下观众手里挥舞的荧光棒。另外，舞台上的虚拟形象有一个共同的特点，那就是场景是固定的，并且一定是处在黑暗中，因为只有黑色的背景才能更好地显示人物轮廓。

　　全息投影技术的概念，早在 70 年前就被人提出来。1947 年，英国的匈牙利籍科学家丹尼斯·盖伯首次提出全息术成像概念，并因此获得 1971 年的诺贝尔物理学奖。简单来说，全息投影是一种虚拟成像技术，是利用光的干涉和衍射原理记录并再现物体真实的三维图像之技术，它的实现分为两个步骤：一是光场的捕捉；二是光场的再现。首先，利用干涉原理记录物体光波信息，也就是光场的捕捉。它将被摄物体光波上各点的像位和振幅全部记录下来，变成一张全息图或者全息照片。然后，利用衍射的原理再现物体光波信息，也就是光场的再现。其利用刚才记录下来的全息图，在相关激光照射下给出两个项，再现的图像立体感强，具有真实的视觉效应。总体来说，全息图的每一部分都记录了各点的光信息。

全息投影技术作为一种立体视觉显示技术，用户同样可以不需要佩戴立体眼镜和跟踪设备，并且可以许多人一起观看。早期的科幻电影，如星球大战里的莱雅公主就是由全息投影技术打造的。全息投影技术似乎可说是一种最为理想的沉浸式立体显示技术，因为它既没有如头戴式显示器那样的牵绊，又可以多人同时直观地欣赏立体画面的效果。

七、其他感知设备的应用

　　人类获取的信息主要来自于视觉、听觉和嗅觉等感官。除了视觉之外，人的听觉，据说能占到沉浸式体验的 50%，因此沉浸式虚拟环境中的音响效果必不可少。虚拟环绕声技术是把多声道的信号经过处理，在两个平行放置的音箱中回放出声音来，能让人感觉到环绕立体声的效果。前述提到 HTC Vive 的最新版，它的最大亮点是集成立体耳机和双麦克风。

　　接着再来谈谈力觉 / 触觉感知设备。首先是力觉感知设备。力觉是什么？它是我们肌肉关节运动和收紧的感觉。所谓力反馈，本来是应用于军事上的一种虚拟现实技术，其利用机械表现出反作用力，将计算机数据通过力反馈设备表现出来，可以让用户身临其境般地体验计算机中的各种效果。例如，道路上的颠簸或者转动方向盘时所感受到的反作用力，这些效果都是由力反馈控制芯片播放出来的。常见的力反馈设备有：力反馈手柄、力反馈手枪和外骨骼类力反馈设备。由深圳岱仕科技公司（Dexta Robotics）推出的 Dexmo 是一款力反馈手部外骨骼设备，它可以根据虚拟物品的形状以及软硬的不同，使得每一个手指都能感觉到不同程度的触发力，以及感知物体的形状，技术效果令人满意，且比较容易携带，并实现了无线连接。Dexmo 可以完整地捕捉手部的动作，提供实时的力反馈，当用户的虚拟化身遇到一个虚拟物体的时候，可通过 Dexmo 的动态握持处理算法来感受虚拟物体的物理性质，向用户提供各种类型的力反馈，就像是在抓握真实的物体一样。此外，还有一款柔性机器人设备，可以针对人的腰部、腿部予以支撑和力的反馈，用于病人的辅助和一些特殊技能的训练。其次是触觉感知设备。触觉是指皮肤表面敏感神经的触感，除了味觉之外，人的触觉相当敏锐。触觉是唯一不能隔一段时间进行刺激的感觉，所以针对触觉的感知设备要求比较高，常见的触觉感知设备有：气动式触觉感知设备、探针式触觉感知设备和震动式触觉感知设备等。

来自英国的特斯拉 VR 全身触觉动捕服 Teslasuit 是一款"全身触觉紧身衣"，用户戴上虚拟现实头盔之后，能够感受到虚拟现实游戏场景。该紧身衣配置了多个传感器，在全身创建电子信号感触点，以实现不同的"真实"感受。该产品获得了红点设计奖，现在已作为开发套件进行分发，并具有专用软件、文档与虚幻引擎，Unity 和 Motion Builder 的 API 集成是一个全身触觉反馈套装。

另外，还有针对专门的手掌手指触觉反馈设备，如俄罗斯 Skolkovo 科学技术研究所展示了一个名为 TouchVR 的可穿戴配件，可在手掌上施加力量，并向手指施加触觉反馈，从而使用户能感觉到手指的重量、质地、柔软度和滑动度。

TouchVR 的可穿戴设备看起来像是钢铁侠手套：一个以手掌为中心的圆形 DeltaTouch 3D 力发生器，外加用魔术贴垫连接到拇指和手指的振动电机。其装备精良，佩戴者可以感觉到手掌施加的力和滑动，并结合从手掌到指尖的振动来模拟物体的纹理。同时，借助 Leap Motion 手感器和 HTC Vive Pro VR 系统对手进

图 2-7　TouchVR 手套

行跟踪，因此无需握住其他控制器。

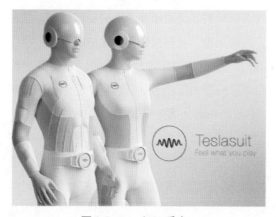

图 2-6　TouchVR 手套

2 第二节 跟踪设备

感知设备是将计算机信号输出给人，对人产生刺激。与之相反，跟踪设备则是捕捉人的信号，并将其输入到计算机系统。通常，VR 系统根据这些信号会对虚拟环境进行实时调整，从而实现人与虚拟环境的互动。根据所捕捉的信息不同，跟踪设备可分为：位姿跟踪、空间定位、声音识别、意念操控等。

一、位姿跟踪

所谓位姿跟踪设备，就是在虚拟场景中获取到人之相关信息的设备。人在虚拟世界中，一般是通过"跟踪设备"让计算机知道我们的表情、动作和大脑的意识，然后做出正确的反应，来与我们进行有效的交互。位姿跟踪实际上就是我们常说的动作捕捉。其在运动物体的关键部位设置传感器，系统跟踪捕捉并记录传感器在三维空间中的位置，再经过计算机处理算出物体在真实三维空间中的运动轨迹或姿态，并在虚拟三维空间中重建运动物体每一时间的运动状态，这一技术就叫"动作捕捉"。

动作捕捉设备主要有：机械式动作捕捉系统、声学式动作捕捉系统、电磁式运动系统、光学式动作捕捉系统，以及惯性导航式动作捕捉系统等。

1. 机械式

指依靠机械装置来跟踪和测量运动轨迹。

该系统的特点是成本低，精度高，可以实时测量，还可容许多个角色同时表演。

但是，这个机械式动作捕捉系统使用起来不太方便，而且机械结构对表演者的动作阻碍和限制很大。

2. 声学式

常用的声学式运动捕捉装置由发送器、接收器和处理单元组成。

该系统的特点是成本较低。但其对运动的捕捉有较大的延迟和滞后，实时性差，精度一般不是很高，声源和接收器间不能有大的遮挡物体，受噪声和多次反射等干扰大。由于空气中声波的速度与气压、湿度、温度有关，所以必须在算法中做出相应的补偿。

3. 电磁式

其是比较常用的运动捕捉设备。

该系统记录的是六维信息，同时得到空间位置和方向信息。速度快，实时性好，便于排演、调整和修改。装置的定标比较简单，技术比较成熟，成本相对低廉。

电磁式动作捕捉系统对环境要求严格，表演场地附近不能有金属物品，否则会造成电磁场畸变，影响精度。系统的允许表演范围比光学式要小，特别是电缆对表演者的活动限制非常大，对于比较剧烈的运动和表演则不太适用。

4. 光学式

其是通过对目标上特定光点的监视和跟踪来完成运动捕捉的任务。该系统的特点是活动范围大，无电缆、机械装置的限制，表演者可以自由地表演，使用十分方便。其采样速率较高，可以满足多数高速运动测量的需要。Marker 数量也可根据实际应用购置添加，便于系统扩充。该系统价格昂贵，虽然可以捕捉实时运动，但后处理（包括 Marker 的识别、跟踪、空间坐标的计算）的工作量较大，一般适合科研应用。

5. 惯性导航式

其是通过惯性导航传感器 AHRS（航姿参考系统）、IMU（惯性测量单元）测量表演者运动加速度、方位、倾斜角等特性。

该系统可以不受环境干扰影响，不怕遮挡。捕捉精确度高，采样速度快，达到每秒 1000 次或更快。由于采用高集成芯片、模块，故体积和尺寸小，重量轻，性价比高。惯性导航传感器主要佩戴在表演者头上，或通过 17 个传感器组成数据服穿戴，通过 USB 线、蓝牙、2.4Gzh DSSS 无线等与主机相联，分别可以跟踪头部、全身动作，实时显示完整的动作。

二、空间定位

什么是虚拟现实的空间定位？举例来说，我们戴上 VR 头显，体验一款 VR 游戏时，需要确定我们在体验空间中的绝对空间位置，并反馈到所有参与游戏的玩家和游戏服务器上，进而执行群体游戏所必须的各种游戏逻辑。例如，当一位玩家靠近树林的边缘时，一头蓄谋已久的饿狼可能会猛然地扑出来。又如，多位玩家展开一场虚拟现实的真人 CS 大赛，互相射击和开展战术，如果玩家在游戏场地内的位置无法得到有效的识别，那么相应的乐趣和复杂度自然也就少了许多，就如同降格到只是来了一场第一人称的定点射击游戏而已。因此，定位的精度和速度绝对不容忽视，20 厘米的误差也许就决定了你射出的子弹是否能够穿透虚拟敌人的胸膛，并且定位本身带来

的延迟还会使我们产生眩晕。VR 空间定位技术能利用算法和传感器感知到用户的移动，从而确定用户在空间里的相对位置。一款具有良好空间定位功能的 VR 设备，不仅能更好地提供沉浸感，其产生眩晕感的程度也会大幅度降低，另外用户因为位移造成的画面不同步感也会消失，虚拟世界可以与你的身体保持一致。

目前主流的空间定位技术主要有三种，分别是 inside out、outside in、inside in。inside out 是把摄像头这样的设备放在自己的身上，用来感知外界的环境。这种方法被广泛应用于机器人的机械视觉，一般摄像头装在机器人身上，对机器人周边的光学环境进行采集处理，然后再与机器人实际位置联系起来，实现自主导航。微软的 HoloLens 也是采用这个技术。该方法的好处是不需要在外界设置摄像头，可以减少场景的限制。但是由于只能识别头部动作，加上体积、续航等存在的问题，因此它更适合于移动 VR 此种轻交互场合。outside in 是将摄像头放在外面，mark 点放在人体或者头显上面。这种方法精确度比较高，但需要借助外面的摄像头，对空间的要求更大。前面曾提到的 Oculus 和 HTC Vive 都是使用这种定位方式。以 HTC 为例，HTC Vive 的 Lighthouse 室内定位技术不需要借助摄像头，而是靠激光和光敏传感器来确定运动物体的位置。其两个激光发射器被安置在对角，形成一个大约 15 寸英 ×15 英寸（每英寸 =25.4 毫米）的方形的一个区域，这个区域可以根据实际空间的大小进行调整。激光发射器里的两排固定的 LED 灯会发出每秒钟 6 次，每个激光发射器内设计有两个扫描模块，分别在水平和竖直方向轮流对场景空间发射横竖激光扫描。HTC 威武的头盔和它手柄上有超过 70 个光敏传感器，

激光扫过的同时，头盔开始计数，传感器接收到激光之后，根据传感器位置和接收激光时间的关系，计算出相对于激光发射器的准确位置。只要同一个时间内，激光束击中的光敏传感器足够多，就能够形成一个 3D 的模型，不仅可以探出头盔的位置，还可以捕捉到头盔的方向。虽然目前以上这两种技术都还不完美，但对于固定场景的 VR，outside in 类型的方法目前相对成熟。未来随着市场的发展，困扰该方法的最大问题即摄像头的成本将会逐渐降低，空间跟踪的范围也会越来越大。inside in 的空间定位技术是将传感器和定位器都放在目标身上。最为典型的是惯性捕捉，就是让人穿上惯性捕捉设备来记录人体的移动，或者移动 VR 中的头显，手机中的陀螺仪设备记录头部的自由移动。该方法的好处是不依赖于外界的设备，移动更加自由自在，缺点是没有位置信息，只能记录移动的轨迹。目前所有的陀螺仪设备都有积累误差的问题，导致人在 VR 中移动时会走偏。

三、声音识别

一般来说，要与虚拟世界进行自然的人机交互，让计算机能快速准确地识别我们的声音是非常重要的，这就涉及声音的识别交互。现在，几乎所有的科技巨头对此青睐有加，似乎将会成为下一个范式转移，颠覆我们与计算机的交互方式。语音交互能解放我们的双手、双眼、双腿，解除空间限制。此外，语音交互还有以下优势：

一是指向明确，语义直达目标，缩短了使用路径；二是自然、简单、人性化，学习门槛较低；三是语音交互可以 1 对 1，也可以 1 对多；四是对设备要求相对较低。事实上，人们研究自然语言处理的解决方案已有一段时间了，自然语言处理已经变得越来越好，更加有用、开

放和可靠，如亚马逊和苹果的 Siri 系统，以及三星的 Vive 系统。未来自然语言处理与手势操作的结合将会形成一种强大而又熟悉的交互方式，就如同自然的人类交互方式一样，快速的手势操作和语音命令，可以帮助我们打造一个非常完美的虚拟现实 UI 系统。

四、意念操控技术

关于意念控制，人们可能会想到神话故事中"芝麻开门"的那种场景，这真的会出现在我们的智能生活中吗？说一句话就能打开门。除了语音，未来你还希望以何种方式来打开自己家的大门，或用什么样的方式来调控家里的灯光？用何种方式去到你想去的地方？带着这些问题，我们一起走进"意念控制"的世界。

了解"意念"如何操控物体，首先要知道"脑电波"的概念。所谓"意念"操控，就是利用人类的脑电波操控，相关的科学研究已经超过半个世纪。科学家们发现，人类在进行各种生理活动时都在放电。心脏跳动会产生 $1 \sim 2$ 毫伏的电压，眼睛开闭会产生 $5 \sim 6$ 毫伏的电压，而思考问题时大脑会产生 $0.2 \sim 1$ 毫伏的电压。如果用科学仪器测量大脑的电位活动，那么在荧幕上就会显示出如波浪一样的图形，这波动的电压就是"脑电波"。脑电波活动具有一定的规律性特征，其和大脑的意识存在某种程度的对应关系。人在兴奋、紧张、昏迷等不同的状态之下，脑电波的频率会有明显的不同，通常在 $1 \sim 40$ 赫兹之间，依照不同的频率，脑电波又被进一步分为 α、β、δ、θ 波。当人在一定的压力之下精神高度集中时，脑电波的频率在 $12 \sim 38$ 赫兹之间，这个波段称为 β 波，是"意识"层面的脑电波；当人注意力下降，处于放松状态时，脑电波的频率会下降到 $8 \sim 12$ 赫兹，被称为 α 波；进入睡眠状态

后，脑电波频率进一步下降，被分为 θ 波（4～8赫兹）和 δ 波（0.5～4 赫兹），它们分别反映着人在"潜意识"和"无意识"阶段的状态。正是因为脑电波具有这种随着情绪波动而变化的特性，人类对于脑电波的开发利用成为了可能。电影《阿凡达》中所展现的实际上是一种叫做"脑机接口"的技术（Brain-Computer Interface，简称 BCI），是指在人脑与计算机等外部设备之间建立直接的方式。通过对脑电信息的分析解读，将其进一步转化为相应的动作，这就是用"意念"操控物体的基本原理。

通常情况下，我们与机器的沟通方式一般被限制在一种有意识的和直接的形式上，我们必须给机器一个指令，才能让机器工作。所谓意念控制就是指人类通过自己的意识，在不接触任何外物的情况下，让计算机按照人们的思想去做任何事情。现时，这一技术大多应用于医疗领域，如运用思维控制一只轮椅等，另外，还有娱乐领域通过脑电波控制的玩具和游戏等。然而，当前能够被识别的特征明显的脑电波信号的类别数还很少，而如果人们无法将大脑特定区域的某一活动"翻译"成具体的含义，那就意味着脑电波信号无法对外部世界发出指令。因此，意念控制技术现在还只能实现人类一些比较初级的运动表现，无法完成相对复杂的动作。许多专家认为，该项技术或将在未来的十年中得到快速发展和突破，并且逐渐在日常生活中普及，将人类的双手解放出来。如此技术，必将是人类进化史上从掌握直立和行走到解放双手之后的又一个里程碑。

那么，有了上述设备是否就可以实现理想中的自然人机交互了呢？其实不管是虚拟现实 VR、增强现实 AR 还是混合现实 MR，它们对于人机交互的要求，最重要的两点就是沉浸感和自然人机交互。所谓自然人机交互，就是我们与计算机之间的信息交换摆脱了传统的图形用户界面，在交互的场景中你处于更加自然的状态，如语言、手势、动作，甚至是意念发生互动，人们能够获得感受和效果俱佳的信息反馈。也就是说人与机器的交流，就像是人与人交流那样直接和自然。那么自然人机交互的时代离我们还有多远呢？现实是不容乐观。虽然新型硬件层出不穷，但人机交互尚无突破性的进展，特别是在应用上还没有达到预期的效果。Kinect 早在 2017 年就已停产，Leap Motion 依然比较复杂难用，现在的 3D 电视又华而不实……体感、声音、意念这些交互技术听起来比较酷，但要达到"自然"的目标还有很大的距离。另外，手势控制在某些特定的应用环境中有用，真正要普及到日常的应用中仍然不容易。因为动作控制好过精细的手势控制，特别是不需要穿戴任何设备就能实现的交互，所以从这一点上看还是 Kinect 更加实用一些。当然，我们最需要的还是能针对目前的应用场景来设计出的更为自然的交互方式。

第三章
虚拟现实游戏

一般来说，传统游戏视觉体验效果受到平面屏幕的局限，体验效果大多不够理想。而 VR 游戏由于特别强调场景与个人感觉的交互性，故无论在三度空间的真实沉浸式体验，还是场景拟真化的代入感都要优于传统游戏，并且一旦技术趋于成熟，具备沉浸感和代入感的 VR 游戏必将给用户带来更好的游戏体验，甚至会完全颠覆传统游戏产业模式。

1 第一节 VR 游戏的体验与应用

虚拟世界的沉浸感主要依赖于人类的视觉感知，三维立体视觉是虚拟现实技术的第一传感通道。因为一些冒险类和探秘类游戏在视觉、嗅觉、声学反馈方面的要求更加强烈，所以 VR 技术在游戏艺术中的应用，可以设计增强全感官体验类的 VR 游戏。另外，VR 技术在电子竞技类的应用中，未来一定会得益于更加便捷的硬件设备和更趋人性化的交互反馈，可以加强诸如射击、赛车等竞技类 VR 游戏的真实体验感。

一、VR游戏体验

游戏产业在 VR 虚拟现实的应用上可以将场景变得更加炫酷、体验更加真实。VR 的主体和主要情景是虚拟逼真的三维立体内容，人只是作为 VR 内容的一环，通过动作捕捉设备，参与到内容中去，深度体验与内容互动，并在 VR 场景下，使第一人称视角产生更强烈的临场感。此外，从操纵杆、键盘鼠标到体感枪械和动作捕捉类设备，将使用户互动变得非常容易，游戏操纵方式更加多样化，甚至在视觉、听觉、触觉、嗅觉上均可以实现一体化代入。VR 的虚拟场景建造技术具有独特性，实体空间往往是建在一个弧形中，这是一种重定向行走设计的 VR 技术，该设计会产生一直在走直线的错觉，其实是在弧形环境中兜圈子。另外，还有一些转弯和平台的特别设计，也会让人一次次毫无察觉回到起点。同时，头显设备中的场景会不断切换，使人自认为一直在探索新的地方。VR 虚拟现实交互性的体验，通常，使用户对模拟环境内物体的可操作程度和从环境中得到反馈的自然程度，包括实时性、交互性的产生，主要是借助于虚拟现实系统中的特殊硬件设备，如数据手套、力反馈装置等。用户可以用手去直接抓取模拟环境中虚拟的物体，产生如同在真实世界一样的感觉，此时手有握着东西的感觉，并可以感觉物体的重量，视野中被抓的物体也能够立刻随着手的移动而移动。

二、VR游戏应用

VR 游戏采用全新的 VR 体验模式，可以进行全景观赏体验，在传统游戏机设施之外，家庭游戏＋VR 虚拟现实游戏将成为未来更多家庭的应用选择。VR 家庭游戏主要通过便携式虚拟现实设备，在家中感知外界，实现穿越的感觉，足不出户就能够体验到虚拟现实环境中刺激人心的乐趣。与之相反，国外有一些 VR 公司为了鼓励那些沉迷于游戏而不愿走出家门的"宅"人，特别设计了链接到户外的 VR 游戏功能，成功地将"宅"人引到了户外。此外，非家用 VR 虚拟现实游戏体验，可以使普通人接触到 VR 虚拟现实内容，其大多在网吧、购物中心和其他商业场所布局，提供 VR 虚拟现实游戏体验。

第二节　VR科技与游戏的融合

一、VR科技与游戏

VR 游戏既是虚拟现实技术重要的应用方向之一，又为虚拟现实技术的快速发展起着巨大的需求牵引作用。在 VR 游戏中，人们一般希望在场景中与环境互动，虽然 VR 虚拟的环境是人想象出来的，但同时也体现出设计者相应的思想，想象力、创造力在此间得到彰显。游戏的故事线索能引导玩家动脑解决一个个谜题、克服一个个障碍，实现一定的目标，最终完成任务。通常，VR 虚拟现实游戏可以把用户带入各种场景，包括多人游戏的博弈、神秘环境的探险、密室逃生以及解密游戏。

二、融合发展的价值

VR 应用体验能帮助普通人接触到高质量的虚拟现实内容。VR 虚拟现实的应用在教育培训等领域，可以发挥寓教于乐的优势，产生新的学习革命。融合发展的价值，实现虚拟现实的交互性、沉浸感等特点，需要许多外部设备的配合。例如，数据手套是虚拟仿真中最常用的交互传感设备，它是一种戴在用户手上的虚拟之手，用于与 VR 系统进行交互，可在虚拟世界中进行物体抓取、移动、装配、操纵、控制，并将手指伸屈时的各种姿势转换成数字信号传送给计算机，计算机通过应用程序来识别出用户的手在虚拟世界中操作时的姿势，执行相应的操作。此外，触觉反馈主要是基于视觉、气压感、振动触感、电子触感和神经肌肉模拟等方法来实现的。VR 系统通过触觉反馈装置让用户实现虚拟手物碰触时的触觉感受，能产生对虚拟物体的光滑度、粗糙度的感知。

三、融合发展的趋势

未来 VR 将成为继计算机、智能手机后的又一个高科技爆发点，是下一代最主流的信息平台。VR ＋将改变众多行业的商业模式，将深入未来社交、生活、工作、娱乐、旅游等方方面面。例如，便携式虚拟现实设备接入互联网，通过用户间的网络数据共享，可以形成网络社群化的游乐环境，类似于现在流行的网络游戏，人们在获取虚拟世界游乐体验的同时，还能体会到虚拟社区中人与人交流互动的快感。另外，一些相关领域新技术的发展也会为 VR 提供新的元素、机会和平台。特别是可穿戴设备、移动终端应用、大数据应用等新型应用需求的出现，需要虚拟现实技术提供强有力的支撑。

3 第三节 增强现实 AR 游戏

由任天堂、宝可梦、谷歌等公司联合开发的《精灵宝可梦 Go》无疑是 AR 游戏十分重要的代表作，在这款游戏大获成功之后，大家都

知道了什么是 AR 游戏。但是，说起 AR 游戏的起源？相信许多人知之甚少。其实，AR 游戏除了《精灵宝可梦 Go》这样的 LBS 游戏，还有很多不同的游戏类型。假如追溯 AR 游戏的起源，那一定是任天堂掌机 NDS 上的 AR 卡片游戏了。玩家的掌机 NDS，大多附带有 AR 卡片。AR 卡片其实就是画片，跟小朋友们喜欢的卡通画片类似，是一张印刷卡片，不过通过掌机 NDS 被赋予了新的功能和含义。掌机

NDS 通过摄像头扫描放在桌面上的 AR 卡片，从而在屏幕上幻化出不一样的画面，其实质是获取 AR 卡片的信息，进行交互，而玩家可以看到掌机屏幕中卡片上的人物变成立体形象活动起来，进而开启相应的游戏。实际上，这是一种非常简单的交互，游戏需要的仅仅是 AR 卡片上的信息。在利用 AR 卡片启动相应的游戏后，它便失去了作用，后面的游戏过程基本上无需再使用到 AR 卡片。那么，为什么一定要用 AR 卡片来开启一个游戏？有人尝试过将 AR 卡片游戏加以改进，变成对战游戏。问题还是：为什么一定要以 AR 卡片来开启一个游戏？直接玩"对战"不好吗？当然，如果 AR 卡片能像磁卡一样有着独特性，那还可以，但如果能做到每一张 AR 卡片都是独一无二的，那 AR 卡片的价值就显而易见了。问题是 AR 卡片没什么特别的，任何人都可以随便复印、打印，复制出来的 AR 卡片，其功能与任天堂的 AR 卡片功能并无不同。基于上述情况，任天堂掌机 NDS 之 AR 卡片游戏最终没能火起来。

卡片式 AR 游戏之后，手机上又出现过许多类似任天堂掌机 NDS 之 AR 卡片游戏的国产 AR 游戏。国产 AR 游戏的定位大都是 AR 少儿教育游戏。例如，一张恐龙画片，通过手机扫描，在手机屏幕上就会出现一个 3D 立体的恐龙，然后活动起来……小孩觉得有趣，但成人普遍觉得没多大意思。国产 AR 少儿教育游戏通常搭配少儿图书，如《恐龙世界》之类，通过手机扫描图书所带的图画，能在手机屏幕上显现更为形象的表达。后来，一些公司尝试着将这种 AR 游戏方式进行市场拓展，例如做成纪念相册，用手机上的摄像头扫描相片，手机屏幕上便幻化出诸如婚礼等喜庆活动的画面。但是许多用户难以接受，因为某一位用户用某一个

手机 APP 做出这样的 AR 相片，如想分享给自己的亲朋好友，就需要所有人都要下载这一个手机 APP 才能扫描相片，看到幻化的画面。如此麻烦，所以难以推广。事实上，这种 AR 卡片游戏用于 AR 教育更加顺理成章。为了达到寓教于乐的学习目标，家长或学生通常不介意在自己的手机上下载相应的 APP，只要通过扫描 AR 卡片之后，能在屏幕上的画面中看到形式活泼的图像就可以了。

此外，AR 卡片游戏还可以衍生出其他另类的玩法。AR 卡片游戏的玩法，其实就是获取 AR 卡片游戏所代表的信息，以及所在物理位置的信息，从而进行交互，如通过手机屏幕，在原来 AR 卡片的位置上由计算机运算产生一个虚拟形象。2014 年，一个来自乌克兰的手机 APP——《InkHunter》，就是在自己的手臂上画上一个符号（其与在桌面上放置一张 AR 卡片的道理是一样的，都是在某地方放置

图 3-1　《InkHunter》

某东西），然后用手机扫描，通过运算合成出一张纹身图片。其实手臂上没有纹身，只不过画了一个符号用来识别物理位置，再通过手机 APP，形成一张手臂上有纹身的图片。有了"手机纹身"，我们就可以随时体验"纹身"的乐趣了，不用忍受皮肉之苦，想要纹什么就纹什么，还能随时更新，可以天天变着花样玩。

增强现实游戏，一般需要通过现实中的一种参照物加以增强，前面的 AR 游戏都是如此。除此之外，还有基于场景加以增强的 AR 游戏，即：基于物理环境加以增强的 AR 游戏。例如，《惊悚夜：开始》（Night Terrors: The Beginning）是一种可以与现实场景互动的 AR 恐怖游戏，其是受到经典 AR 游戏《精灵宝可梦 GO》的启发而开发出来的。游戏公司通过 AR 技术将玩家的家变成"鬼屋"，游戏充分调用了手机的摄像头、GPS 等组件，通过扫描各人家中独特的环境布局来生成游戏场景，并且随机生成各种鬼魂、恶魔、丧尸等恐怖元素。一些玩家的常用物品中都可能潜伏着未知的恐怖，如打开洗衣机，里面可能会突然冒出一张恐怖的脸。玩游戏时，玩家如将家中所有的灯都关掉，在黑暗的环境下进行游戏，可以使用手机摄像头来观察周围。另外，恐怖游戏的音效对氛围的营造十分重要，如果玩家戴上耳机体验则效果更佳。再如玩家有智能手环、智能手表等，游戏就可以通过其来分析玩家的心跳，从而生成心跳声、呼吸声，令玩家的感受更加深切，如临其境。

4 第四节 混合现实 MR 游戏

一般在微软 Hololens 上运行的游戏之效果给人感觉都十分惊艳，比如在自己的客厅跟外星人大战等，其场景画面效果蛮吸引人的。但是，实际玩起来，整个过程却不太理想！问题出在哪里呢？ MR 游戏作为 AR 游戏的进化，同样需要注意两大问题：一是基于现实加以增强。AR 和 MR 游戏都需要基于现实世界中的一种东西加以增强，如 LBS 游戏就是基于地图定位加以增强。目前，许多 AR 游戏不够好玩，其主要原因就是没找到合适的能用来增强的参照物。例如，一些基于 AR 卡片的 AR 游戏，需要玩家通过扫描自己手中的 AR 卡片来进行游戏，玩家之间的互动较难体现，至少当下还未找到妥善的解决方法。二是难度控制和游戏平衡。在自己家中根据环境随机生成不断涌现的怪物？是的，Hololens 现在就能做到。但为什么会感觉整个体验效果不好呢？那是因为游戏必须能设置出难度，供玩家选择。随着游戏时间的不断变长，怪物出现的频率是否越来越频繁？问题来了，由于每个人家里的环境情况都是不同的，那么玩家之间的成绩怎样比较，怎样做出排行榜，怎么打造进阶的渠道呢？目前微软 Hololens 上的游戏与《精灵宝可梦 GO》一比，就显得太弱了。为什么会出现这样的情况？因为网络游戏需要所有玩家有共同的参照物、场景，只有基于地图定位的 LBS 游戏才能很好地解决这一点。由此可见，如果在微软 Hololens 上做出《精灵宝可梦 GO》那是十分有前途的。例如，Capitola VR 团队就做了一段假象在 Hololens 上玩《精灵宝可梦 GO》的演示视频，效果非常不错。MR 游戏与 AR 游戏的区别在于：小精灵们能在映射的环境中随机生成，也就是计算机运算产生的虚拟角色能与现实场景更好的融合在一起。事实上，微软的 CEO 萨提亚·纳德拉对《精灵宝可梦 Go》也充满兴趣，他认为《精灵宝可梦 Go》的玩法就是为 HoloLens 而生的，HoloLens 版的《精灵宝可梦 Go》一定会更加有趣。HoloLens 版无需用到手机，而是改成戴上 HoloLens，直接就能看到更加融合在现实场景中的小精灵。制作《精灵宝可梦 GO》的 Niantic 公司的 CEO 也表示，考虑将《精灵宝可梦 GO》带到 HoloLens 平台，这对于玩家来说是一大喜讯。总的来说，制作一款成功的 AR/MR 游戏的关键在于能让联网的玩伴们一起玩耍比单机游戏更嗨。同时，游戏有共同的参照物，然而不一定所有玩家体验都是一样的参照物，考虑到"面联"，也就是少数几位玩家聚在一起联机玩聚会游戏的情况，我们也可以考虑，只需少数几位玩家能有共同的参照物便可以了。例如，几位玩家聚在同一个房间，基于这个房间产生不断涌现的怪物，玩家之间可以互相竞争，看看谁捕捉怪物的速度快，谁能率先取得预先设定的分数，由于游戏环境一样，游戏的公平性也就没问题了。

第四章
虚拟现实影视

电影电视等媒体在数字技术的进步中获得了持续发展。影视作品由原先的黑白无声电影到如今的彩色高音质电影，从平面电影发展至如今三维技术的广泛应用，先进科学技术的发展使人们不再仅仅停留在欣赏电影情节的层面，人们在欣赏影视作品的同时更注重在此过程中的体验。近些年来，虚拟现实技术为影视创作的发展注入了新动力，在影视作品的创意和制作，以及欣赏、体验等环节都为人们带了更多不一样的审美效果。

作为VR内容的一个重要分支，影视中融入虚拟现实技术，其实很早就已出现，但受限于计算机图形学的发展，尤其是图像拼接方面难度较高，始终没有得到大范围的应用和推广。现时，伴随着民用级别的头戴式VR显示器的发展，以及视频图像拼接技术的逐步提高，VR影视的拍摄和制作已经不存在技术难题，特别是在拼接方面，许多自动化工具的出现极大地降低了VR影视摄制的入门门槛。目前常见的VR影视从观看视野上大致可分为180影像、360影像和720影像。720影像可带来完全沉浸的视觉享受，因此也是当下VR影视的发展重点。

在沉浸式体验方面，国外Gopro、三星、诺基亚等公司均投入大量资金、精力和人员进行VR影像拍摄设备和制作技术方面的研发。在内容方面，许多传统的影视制作公司，如迪士尼、索尼、华纳、狮门等公司分别制作了大量的VR影视产品，如传统电影的VR预告片、VR电视节目、VR纪录片等。另外，一些公司建造了VR体验馆；还有一些互联网平台专门开设了VR频道，如YouTube、Netflix等，并且，现在已诞生了许多优秀的VR作品，如狮门影业与游戏发行商Starbreeze合作推出《疾速追杀》VR游戏、Google发布的第一部真人VR短片《Help》等。2016年9月，Facebook旗下的Oculus公司制作的VR动画短片《Henry》获得艾美奖。其中《Help》时长5分钟，是《速度与激情》系列导演林诣彬执导，近百人的团队耗时13个月和500万美元制作完成，是VR电影史上的代表作之一，采用的是"VR实拍+后期特效动画"的制作方式。

国内近几年 VR 影视的发展也非常迅猛。2017 年第 74 届威尼斯电影节首次将 VR 电影纳入竞赛单元，同期就有 4 部中国 VR 电影作品入围竞选，分别是 Pinta Studios 团队的《拾梦老人》、Sandman Studio 的《Free Whale》、上海魏唐影视的《窗》和 HTC Vive 与 Jaunt 中国联合出品的《家在兰若寺》。2018 年第 75 届威尼斯电影节 VR 电影竞赛单元又有 3 部中国作品入围，分别是 Pinta Studios 团队的《烈山氏》、Sandman Studio 的《地三仙》和爱奇艺出品的《无主之城 VR》。2018 年全球首部 VR 叙事长篇电影《Calling》也由中国团队完成并在北京电影学院进行了展映。在上述 8 部作品中，《家在兰若寺》和《Calling》为实拍全景 VR 电影，主要采用全景摄影机或由多台普通摄影机安装在定制化的全景拍摄支架上完成主要拍摄任务，后期经过拼接完成的 VR 电影，其余 6 部作品全部为 VR 动画作品。

第一节　VR 与影视创作

一、获得更佳的观影体验

虚拟现实技术与人们的娱乐生活有着千丝万缕的关联，其诞生就是影视发展的产物。20 世纪 60 年代，美国好莱坞的摄影师开始对立体电影进行了相关研究。当时，摄影师们研制出一种能够随着剧情演变而产生相应变化的设备，观众在观影时不仅获得视觉、触觉上的体验，同时还能通过立体电影设备感受到风以及气味。由于其极大丰富了观众的感官刺激，故观众能够在虚拟现实技术营造的逼真环境中充分体会到鸟语花香、春风拂柳的感受。鉴于当时资金不足，这一技术没有得到进一步的发展与研究。现时，随着经济水平的提高以及科学技术的进步，虚拟现实技术在影视制作中的作为已得到了巨大发展，之前一些不可能实现的东西已逐渐成为可能，如小说中描述的一些科幻元素能在虚拟现实技术的应用下得到十分逼真的呈现，观众从客观实际的世界迈向虚拟世界，并与影视作品所创设的虚拟环境产生了充分互动。

二、角色虚拟化

影视作品中的人物表演一般需要演员参与，而真人在参与电影拍摄时必然要花费大量片酬，这导致制作成本居高不下。与此同时，在拍摄一些危险系数高的场景时，容易造成演员受伤，带来更大的损失。虚拟现实技术应用于影视创作中，由于演员的虚拟，使得拍摄中能充分按照导演的意愿进行，在一些高难度的表演动作中，运用虚拟现实技术通过对人进行仿真，安全系数得到了较大保障。然而，由于虚拟现实技术应用的难度较大，仍需进一步完善，特别是虚拟演员必须百分之百的与真人一致，如神情、举止、仪态等方面。即便如此，虚拟演员模拟的重要价值仍不可忽视。今后，虚拟现实技术需要对自身缺陷进行明确认知，发扬技术优势，改进技术短板，并在发展的过程中逐渐建立相应规范，一方面促进虚拟现实技术的进一步发展与应用；另一方面，通过制定规范化的操作方法，正确指导技术运用，杜绝技术滥用现象。

三、场景虚拟化

计算机通过三维图形技术既能够对虚拟场景进行逼真创设，又能与实时视频进行充分融合，为人们带来全新的感官体验。例如，《黑客帝国》中就运用了该技术，并取得了良好效果，这是一项全新技术，具有诸多优点。第一，人们在思维层面的空间得到了巨大拓展，现实中的客观物理条件和时间、空间等因素无法再对其进行限制；第二，节省了实景建设的时间与成本，场景营建更加快捷与简便；第三，虚拟场景的更换只需要通过计算机技术进行相应转变，场景利用率大幅提高；第四，通过对虚拟场景进行精心设计，可以在较小的空间中营造宏大的场景，使观众的体验感更加深入。

四、更加逼真的特技效果

相对传统的影视创作，虚拟现实技术具有更加多样的创作手段，如在场景的制作上更为逼真。通常，传统影视创作需要工作人员在实际场景中录制，要想获得最佳的录制效果需要昂贵的设备予以辅助，且后期还要进行剪辑等，整个过程显得比较繁琐，需要投入大量成本，工作效率也不太高。由于虚拟现实技术的应用是对以上现状的重大突破，其多样化的表现方式使工作人员的想象力被充分激发，并提供了将想象转化到影视创作中的平台，故影视创作的工作效率得到了充分提高，影视创作中的科学元素也大幅增加。例如，在拍摄古装戏时，为了使影视作品得到最佳的创作效果，可以通过应用虚拟现实技术对古代建筑进行充分模拟，并通过计算机软件建立相应模型，在逼真的模拟下增添历史厚重感，不仅减少了制作成本，同时影视创作的空间也得到了极大丰富。

2

第二节 VR对影视制作的影响

在新技术格式影像技术中，提高画面的分辨率、帧率，或者采用 3D 制式等技术都会相应地提高画面显示的质量、增加画面中显示的内容，但同时，相应地也会增加传统影视的制作成本。例如，运用 3D 制式制作电影，若前期采取立体实拍的方式，则拍摄设备的租赁费就要显著增加，并且现场布景的难度也会加大；若采用后期立体转制的方式，则后期制作成本会明显增加。VR 技术在传统影视的制作中非常有效，其除了能够增加画面显示的质量外，还可以节约摄制的成本。

一、虚拟影视制作技术

目前，实体特效制作正逐步向数字特效转变。但数字特效的发展使得实拍画面与特效制作分离，加上特效镜头在整部影视作品中占据的分量越来越重，造成电影主创人员只能在后期制作时看到预期的效果，无法在整个影视的拍摄过程中及时发现和解决问题。

虚拟影视制作技术代表数字技术，为影视制作流程带来了重大变更，它带给人们更具创意化的体验，并且消除了流程之间的界限。最

直观的作用就是虚拟影视制作技术，将以往只能在后期制作环节中才能看到的数字特效，在前期拍摄时便可以与实拍画面实时融合，有利于导演更好地指导演员表演，有利于导演更好地进行场面调度。

虚拟影视制作技术比较知名的早期应用，是在卡梅隆导演的电影《阿凡达》之中。《阿凡达》中的镜头虽然绝大部分是特效镜头，但其中虚拟角色的表演却是依靠表情捕捉、动作捕捉等技术进行现场拍摄的，为此，在拍摄过程中导演和演员运用了虚拟的场景和情节。《阿凡达》的成功极大地推进了虚拟技术的发展，在之后的《猩球崛起》《奇幻森林》《爱丽丝梦游仙境》等特效电影中都得到了广泛应用，使拍摄更加有计划，提高了效率，降低了成本。后来，在斯皮尔伯格导演的电影《头号玩家》中，虚拟影视制作技术又得到了进一步的发展。该电影描述了未来的一个大男孩在虚拟现实世界中历经磨难，最终成功通关游戏并解救世界的故事。电影中大量的镜头画面都是发生在虚拟现实的世界中，为了让导演、演员对拍摄的镜头画面、所处的虚拟现实空间场景等有更加直观的印象，电影制作团队真的打造了一个"绿洲"世界。每个虚拟现实环境的镜头在拍摄前，导演斯皮尔伯格都会带上 VR 头盔，勘查电影中可能出现的场景，调整拍摄的角度，创作能

给观众带来美妙感受的画面等；演员也会带上 VR 头盔，去了解和体验自己所处的虚拟现实世界之环境。

二、全景拍摄技术

VR 技术除了可以应用在虚拟影视制作技术中，另外还有一个比较重要的应用特点，是可以在拍摄过程中减少摄影师维持画面构图稳定性的压力，尤其是在运动跟拍的过程中，对摄影师的要求非常高。如果没有办法铺设轨道，一般在高速跑动的过程中就很难保持摄影机的稳定性，容易造成画面抖动而无法正常使用。

斯坦尼康等摄影机稳定器的出现，虽然降低了画面的抖动，保证了摄影的稳定性，降低了摄影师的工作压力，但摄影师依然必须努力去保证镜头始终对准演员，使演员在画面中出现的位置符合导演的预期。此外，稳定器的使用，在某些程度上还会增加摄影师控制镜头方向的难度。在拍摄时，镜头方向和角度如没能得到正确控制，轻则要利用裁剪的方式解决但会损失画面的精度和质量，重则会导致整个画面无法使用进而需要重拍。

在 VR 技术中，全景拍摄摄影机的使用，能够降低拍摄时画面构图的工作压力，使其转移到后期工作中完成。其基本原理就是利用全景相机的特点，将现场所有画面全部记录下来，摄影师只需保持相机的稳定即可。拍摄完成后，在后期环节可以根据实际情况任意将需要保留的镜头画面裁剪出来。正是 VR 技术带来的这种简单的拍摄方式，降低了摄影的难度，使得以往只能在电影大片中才能看到的，诸如子弹飞射等特效镜头变得非常容易操作。例如，在电影《木星上行》中，存在大量追逐战斗的场景，如采用传统的拍摄方式难度较大。最终剧组采用了 Pictorvision 公司研发的被称为

"Panocam" 的摄影机系统，其是将 6 部 RED EPIC 摄影机堆叠而成实现的一套全景式多机位设备，这套系统的优点在于可以获取到尽可能多的画面信息，而且允许在拍摄过程中，摄影机移动时出现一点偏差。

随着虚拟特效、虚拟角色等在传统影视节目中占据的比重越来越高，VR 技术必将越来越得到重视。同时，VR 技术的发展和使用也会进一步提高传统影视节目的制作质量，融合前、后期的制作流程，减少拍摄过程中的不确定性，降低因不确定性而造成的成本浪费。

第五章
虚拟现实教育

第一节 VR在教育领域的应用

VR 在教育方面的应用可分三大块：教育（Education）——传授知识，包含学校教育和职场教育。训练（Training）——职能或技能训练，包含学校及职场。效能支持（Performance Support）——提供相关资讯，协助完成工作，通常可与前项搭配运用。

从高等教育、职业教育到幼教各个阶段的代表性 VR、AR、MR 和 XR 之教育产品，在教育中扮演着什么样的角色？ VR、AR、MR 和 XR 技术如何让教育变得更美好？

一、VR超级教室

VR 超级教室是对传统教室进行了全面改造。VR 超级教室的硬件配置有以下几个构成：智慧黑板、超级上课系统电脑、控制学生头显的 VR 控制器，学生端每个学生备有一个 IPAD 及 VR 头盔。上课时，学生戴上 VR 头盔后便

能身临其境般地感受到如"宇宙大爆炸"等场景；老师则利用 VR 控制器实时调整学生所看见的 VR 内容，通过电脑把握上课节奏，监督学生的学习动态。据了解，VR 超级教室提供的课程主要为科学、历史、地理、生物、物理、化学、艺术等。

二、认知卡片

魔幻空间陆续发布了多款针对 2～7 岁幼儿的认知卡系列产品，如《奇妙世界》《奇幻森林》《涂博士》等。这些系列产品融合了 AR（增强现实）、图形图像识别等高新技术，首先让孩子自己动手发挥想象力去涂鸦，最大化开发右脑和锻炼握笔能力；然后家长可以用手机或平板安装自带软件，对准孩子的作品识别，让孩子的涂鸦变成动画呈现出来。与此同时，孩子和家长还可以点击屏幕，与动画人物互动，动画带有音效和中英文发音，有声有色、活灵活现。

三、仿真培训

一些职业技术学校通过虚拟现实体验获得

新生。VR技术培训可以使学生更加便捷、快速地掌握许多在一般课堂上难以学习的技能，例如，虚拟现实平台zSpace与深圳某公司合作，推出了职业模拟技术。利用zSpace汽车培训平台，学生可以拆卸和重组系统，如传动或发动机，不会带来风险或造成物质浪费。

此外，在美国纽约有一所学校，它和Globalfoundries进行合作，打造了一个虚拟实验室，该实验室用于一些补充式的教学实践。其希望学生能在虚拟的实验室中学习自己想学的东西，如想学习如何登月，可以在这里找到相应的知识链接，甚至获得一个虚拟的场景体验。

第二节 VR为教育带来的改变

一方面，通过VR技术，学习者能够自主探索各种有趣的学习材料，即使在做实验时犯错也不会带来任何严重的后果。同时，学习者通过VR技术进入一个与现实高度仿真的环境，可以动态地进入可视化和交互式学习的教学环境。曾有报告指出，AR让学习者可以瞬间从一个场景转换到另一个场景，这具有重大的教学意义。因为是虚拟和现实交融在一起，使得AR技术能让学习在正式和非正式之间快速切换。

在教育领域，AR技术应用已被整合到一些教学法中。不过，还需进一步的研究——AR能给教师和学生提供多少具体的益处。AR无缝融合了虚拟数字世界和现实世界，将人们的学习体验从2D时代提升到3D时代，尤其是图像、地图和地球仪等场景。AR对于那些在空间认知方面将2D概念转化为3D有困难的学生，尤其有用。

此外，AR使用过程中的存在感和实体感，也可以帮助学生回想以前有过的亲身经历，与之前学到的知识建立更深的联系。至于能否创造团队协作的体验，必须做更深入的研究，需要分析不同类型的AR会给团队协作带来哪些不同的后果。

在VR教学实践中，硬件技术其实远远走在内容的前端。相对于传统教育来说，VR教学最突出的优点在于将传统的、理性的二维课堂变成三维的课堂，感性的课堂。通常，VR在教育中的作用是以感性认知的方式获取经验，这种方式本身不带有逻辑思辨，而是老师在与学生共同积累经验的基础上，再引导学生发挥思维逻辑的能力。在常规教育完全没有办法达到的一些教学场景中，我们可以利用虚拟现实来实现，尤其是高风险、高投入、高成本的一些实训场景，以及我们所说的宏观世界和微观世界。目前，许多VR产品的学科教育与技术融合的程度比较低，真正的学科教育专家、一线教师无法参与到VR教育课程、教育产品的开发设计中，极大地影响了VR教学的质量。

如今，国际上领先的一些公司已开始将VR教育计划投入到实际的技术应用中，其最大的挑战来源于对老师的培训和产品的配送。另外内容难题也是比较大的挑战，无论国内外都需要一段时间来分析研究，然后编制出更好的教育内容以投入商用。

据了解，现在70%的AR和VR都用于娱乐产业，只有20%应用在教育培训，18%应用在工业领域，15%应用在健康医疗等方面。

VR、AR、XR作为一股不可忽视的力量，使我们有充分的理由相信：随着VR、AR、XR技术在教育应用中的不断升级和优化，将为教育领域带来更多超乎想象的可能性，在不久的将来，其必定会有革命性的改变，让我们一起翘首以盼吧！

一、三维立体展示

将虚拟现实技术应用到工程类学科教学中，能够出具类似于实物的模型，这对于帮助人们理解较为抽象的概念是大有帮助的。因为，虚拟现实可以借助建模软件，建立和课堂教学实物高度一致的模型，这些虚拟现实模型与传统实体模型相比较，交互性更胜一筹。

二、技能训练

在许多教学实践中，一般要求学习者将所学知识应用到动作实践里，并把知识经操作后内化。通常，运用虚拟现实技术能让学生在虚拟环境中完成技能训练，甚至是部分根本无法在现实世界中完成的训练。这是因为，借助虚拟现实技术能够克服训练成本高昂、场地限制、天气不可控等因素造成的影响，让学习者高度沉浸在虚拟环境中，专注技能训练，不受外界因素的干扰。

三、虚拟场景建构

众所周知，在教学实践中，人们往往要求营造一定的专业情境开展教学工作。此时，借助虚拟现实技术对相关场景进行还原和再现建构，就能让学习者在看、听的过程中形成亲身体验，并且还能带动学习者进行情感交流和参与，强化学习者的同理心。

四、重现历史事件

作为既成事实，历史无法复原。但是，在许多学科教学中可能会涉及到的一些历史事件，借助虚拟现实技术不但可以让历史重现，帮助学习者"参与"到历史事件当中，还由于虚拟现实技术的历史场景带有极强的情境性和故事性，能够让学习者与虚拟环境中的人和物进行交互。如此，学习者能亲身感受到历史文明之厚重，提升学习效果，并可以规避诸多不确定性因素，让虚拟教学活动的保持时间更为持久。

3 第三节　VR 教学的意义

一、沉浸其中，告别死记硬背

课堂上教授的知识点、黑板与书本上的图片和文字，需要多久才能记忆下来？复杂的几何题、复杂的天体运动分析等，是不是老师费劲解说了许久却没几个人能理解？VR 教学方案提供的亲临现场感能够实现在虚拟情况下，给学生提供"实操"的机会。学生除了可以触摸和操纵各种物品，还可跟数据集、复杂方程式和抽象概念等进行互动。如果再加上兴趣的激发和穿戴设备的限制让他们的注意力高度集中，可以说是一种最有效率的学习方式。

二、直观可见，让复杂命题简单化

VR 教学课堂特别适合对复杂、抽象的知识难点进行解答。例如，太空原理、天体运动、人体结构等，运用了 VR 技术之后，这些极具抽象性的知识点，就可以通过在虚拟世界中建模的方式，构造出实例，从而让学生非常直观地去学习和了解这些抽象性的知识。通过教学，我们可以自由地穿梭于微观世界与浩瀚宇宙，小到分子、原子之间的反应，大到行星、星系的运动；慢到万物生长的过程，快到微粒碰撞的瞬间，一切物质和非物质现象，尽在掌握中。

三、教学更有趣，让人爱上学习

VR 教学具有化腐朽为神奇的魔力！传统课堂往往是枯燥乏味的，也是很多学生不爱学习的重要原因。教学方案的沉浸式体验可以摆脱单纯的文字和图片，如你能边看电影边学英语，边玩游戏边学习，真正体验到学习的乐趣，从而提升学习的效果。

四、虚拟实验室，既节省又安全

虚拟现实技术可以让原本昂贵的实验材料得以循环利用，原本昂贵的实验器材实现随手可取，有效降低了实验成本。另外，在虚拟的实验室，人们不用再担心有毒的物质危害师生的健康，也无需害怕意外的爆炸事故造成师生受伤。在这里，实验真的十分安全!

五、打破时空限制，实现资源共享

众所周知，许多城市的学区房价格高，而价格高的原因很大一部分是因为优质的教育资源缺乏。但在 VR 教学时代，顶尖的师资不再是"土豪"家庭的专利。普通学校或普通家庭只要拥有 VR 教学设备，便能在海量优质的教育资源里随意挑选共享，不再受制于地区和学校。

六、助力人文学科调整优化

通过对传统人文学科进行调整和优化，努力改变传统人文学科的培养模式——实现从"课堂"向"社会"转变，从"模仿"向"创新"转变。学习将不仅限于课堂，可以走向更为广阔的天地，学习也不仅是墨守成规，还应该有创新求变化。变革传统人文学科专业为兼具理论性和实用性的学科，需要大量增加实用性方面的实践教学内容。在此，借助虚拟现实技术，不但能增加实用性方面的教学内容，还可以进行模拟现实场景训练，如通过富有时代气息的教学模块的植入和更新，能更好地完成人文学科的调整优化。

七、有助于"故为今用"

纪录片《我在故宫修文物》获得了许多观众的喜爱，《上新了·故宫》《国家宝藏》等一系列文化类综艺节目的走红，说明时代发生了巨大变化，社会大众非常渴求优质文化及其相关产品的出现，而整个社会对于具有创新能力的人文精英之需求也在飞速上涨。历史学专业的学生本来在拥有深厚历史、文化底蕴这方面拥有莫大的优势，但能否将其转变为旺盛的创新能力则是目前最大的问题。历史学专业学生应该致力于成为新时代的人文精英，在"满腹经纶"之余，更要做到"经世致用"和"学以致用"，要有理论联系实际的觉悟，努力成长为可以服务经济社会发展的复合型人才。虚拟现实技术有助于增加学生的社会实践机会，尤其是"活学活用"的实战内容，使专业教育与现实社会相结合。同时，虚拟现实技术也有助于学生创新能力的培养。创新是第一生产力，知识是固化的，但创新能力是灵活的。传统人文学科以往的教学比较重视学生的背诵和理解能力，而虚拟现实技术可以帮助学生更好地训练创新能力，引导他们熟悉、关注区域社会发展的相关领域，并且参与到相关产业的发展规划中。

第四节 VR 教学的应用途径

VR 教学一般可以应用在虚拟仿真校园、虚拟教学科研、虚拟实验等方面。VR 教学能够实现集教学、体验、实践于一体的立体化教学，改革传统教学模式，创新教学方法，达到培养创新型、实用型人才的目的。VR 教学随着 3D 虚拟现实技术、三维建模、数据库技术等技术手段的不断创新而成熟。那么，VR 教学在教育上的应用途径有哪些呢？

一、数字校园

VR 教学可以利用 3D 虚拟现实技术、三维建模、数据库技术等创设出与实际校园情景一样的虚拟学习环境——数字校园，其是将校园实体建筑乃至内部门窗、走廊、灯光等所有软硬件，通过虚拟现实技术整合在计算机网络当中。场景中，包括虚拟教室、虚拟实验室、虚拟图书馆、虚拟体育馆、虚拟宿舍、虚拟食堂等。学生能在系统中进行教师和学生等任何角色的互换扮演，校园内的学习资源如书籍与报刊等，也可以通过高清扫描仪扫描并数字化存储为电子书籍。学习者进入虚拟图书馆时，可任意浏览和使用虚拟图书馆内的所有资源，如现实中的阅读和学习一般，当然也可以将自己感兴趣的电子书籍借阅到自己的虚拟图书室中，在借阅期限内自由阅读。

二、数字实验室

VR 教学相对于传统的教学优势非常明显。在传统教学活动中，许多需要操作的知识如果仅仅是通过理论讲述，学习者通常很难理解和掌握。VR 教学通过 3D 虚拟现实技术可以创设虚拟教学情境，为学习者亲身实践提供了可能性。一般来说，传统的实验教学基本上都在学校开展，上课时间比较固定，时间和空间受到限制。另外，部分实验设备价格昂贵，不能让学生全面使用和操作，甚至在某些实验环节中还存在安全隐患，学生无法直接参与，多数以演示为主，不能形成对该实验的感性认知。

VR 教学之虚拟实验室是利用虚拟现实技术创设的，如虚拟物理实验室、虚拟化学实验室等，其打破了传统教学中时间、空间等限制，学生只要在安装有虚拟实验室的设备上即可进行实验操作，这在很大程度上提高了学习的自由度。VR 教学在进行一些有安全隐患的危险实验时，不会因操作不当造成不可预料的后果，如此教学就可以保障学习者的人身安全。例如，在教学的沉浸式虚拟环境，针对包括海啸、地震等灾害的应急处理。此外，进行武器部件、汽车驾驶等虚拟操作，学生可以做到足不出户就能做实验，提高了对学习内容的感性认识，加深了对实验教学内容的理解。

三、在线虚拟教室

VR 教学的出现改善了学习的环境，虚拟教室可以解决教育中经常遇到的一些问题，如课堂教学和网络教学的配合，可以利用 3D 技术将授课教师直观的形象安排在网络虚拟教室。在此情境下学习者可自由选择教师和课程，进入指定教师的虚拟教室，实现虚拟"面对面"的教学，取得传统教育所无法想象的教学效果。

四、VR教学资源

VR 教学利用 3D 技术制作出的学习资源大多更加生动逼真，有利于情境渲染、模拟仿真。教学的学习资源如 3D 动画、视频、模型等多样化的具有良好的交互性，大大提高了学习者学习的认知。教学虚拟现实技术给我们带来较好的真实感，如计算机图形学中一个重要组成部分就是真实感显示技术，其是利用计算机、物理、数学等学科知识在相关设备上生成真实感的图形，将传统课堂中某些不利于理解的内容，通过虚拟现实技术形象地表现出来，让学习者更好地领悟教学内容，把握教学要点。

VR 教学是教育领域的创新开拓，在未来高校及基础教育中都可以广泛应用，将为教育的改革与发展带来生机与活力。真实的情境体验可以从实践教学出发，打造出全新的教学模式，建立起专业级的实训室，以及院校级开发与实训应用中心等，综合的解决方案，包含汽车实训、电梯应急、社区高空抛物、社区用电安全、厨房用火安全等更多的应用开发。

第六章
虚拟现实与三维建模

虚拟现实技术主要是在虚拟数字化空间中，构建模拟真实世界中的事物，这就需要一个逼真的数字模型，于是虚拟现实建模技术便应运而生了。虚拟现实与现实到底像不像与建模技术紧密相关，三维建模越精细仿真效果自然就越好。虚拟现实技术是 21 世纪高科技发展的一个重要方向，而三维建模技术是虚拟现实中最重要的技术环节，也是整个虚拟现实"世界"建立的基础，是所有应用中的 个十分关键的步骤和技术。

第一节　基于三维建模构建虚拟场景

通过建模系统在软件中制作场景三维模型，是三维虚拟现实场景构建的基础。三维 VR 技术通过三维模型制作场景并达到漫游场景效果，其三维模型的优劣将严重影响系统的交互效果。通常，依据场景实际状况构建三维模型，首先是在场景中选取大型建筑物，以及建筑物周边的所有对象逐步构建模型，形成完整的场景，然后按照比例大小合理构建三维模型，并安排到合适位置。

三维视觉建模可分为几何建模、物理建模、对象行为建模等。在虚拟世界构建中，比较高效和关键的设计建模是几何建模。

物体对象的几何信息可以用几何建模来描述，虚幻世界中的各个对象都可由形状和外形两个要素来构成，而这两个要素又将分别由对象的其他因素来综合确定。

一、多边形建模

多边形建模是基础建模技术，是用比较少量的网格多边形进行编辑建模。运用这种方法，需要先刻画一个基本的规则几何体，再根据需求进一步修改对象的细节部分，最后通过各种技术手段来营造虚拟现实的场景和对象。多边形建模的缺点是不能生成曲面，但操作简单方便，而且时效性颇佳。建模多用于游戏、动画等领域。

二、NURBS建模

NURBS 是 Non-Uniform Rational B-Splines 的缩写，即"非统一均分有理性 B 样条"的意思。不同于多边形建模，NURBS 多用来建造较复杂的曲面对象。NURBS 造型大都是由曲线和曲面来定义的，所以要在 NURBS 表面里生成一条有棱角的边相对比较困难。因此，我们可以用它做出各种复杂的曲面造型和表现特殊的效果，如生物形态或流线型的跑车等。建模主要适用于工业模型、产品设计。

三、细分表面技术建模

细分表面技术建模是近年来新兴的一类建模技术。技术中汇集了 NURBS 建模和一般建模的特点和优势，适合搭建一些层次感丰富复杂的模型。并且，其建模工具简单，操作方便，特别适合创作静帧作品。

细分建模具有光滑的表面，因而不存在对象表面的连续性问题。刻画至细节的时候，如高精度的调节，就是利用 level 参数进行区域性的调节。特别是 Subdivision（细分表面技术）能够用于应对要求更高的建模。

四、虚拟现实中的物理建模

继几何建模发展流行之后，另一种建模也应运而生，那就是物理建模。物理建模的重点取决于科学合理的动态约束和运动方程的确立及求解，如更改限制条件，互动环境即可自动解答更新的运动方程，而且不存在显著的延迟现象。具体研究中，大多是通过模拟对象的位移、碰撞检测、旋转、表面形变等来实现模型搭建。下面针对两种较为经典的物理建模技术——分形技术和粒子系统，分别进行介绍：

1. 分形技术

分形技术主要用来表示具有自相似特征的数据集。例如，一些复杂的不规则形状对象的建模可以运用自相似这种结构。该技术最早应用于山川及水流的地理特性建模。分形技术虽然有其操作简单的优点，但因为计算量过大，技术实时性也随即降低，所以只适用于静态远景的建模。

2. 粒子系统

粒子系统属于经典的物理建模系统，其简单的操作即可完成复杂运动的建模，由此构成了粒子系统。在虚拟现实中，粒子系统可用来表示焰火、流水、风雪、大雨、瀑布等自然现象。粒子系统在虚拟现实中，主要适用于动态的、运动的物体建模。

五、虚拟现实中的行为建模

几何建模与物理建模相结合，可以局部呈现出一个视觉上感受真实的画面特点，若要建造一个逼真的虚拟环境世界，则需要行为建模的参与和加入。

对象的运动与行为描述均可以通过行为建模的方式来执行设计操作。行为建模能够准确而又贴切地描述虚拟现实的特点，如果没有行为模型的实效支撑，那么所有 VR 的构建均不存在任何意义。

构造模型时，我们不但要设计实现模型外观等表现特性，还要关联实现模型的物理特性，进而具有符合真实存在的行为习惯和应激的能力。如果说几何建模技术主要是计算机图形学领域的研究发展所得，那么，物理建模和行为建模就是多学科领域交叉的研究产物。必须结合多个领域研究的技术成果，才能建立起优质且高端完善的行为模型。

2 第二节 3ds Max、Maya、C4D、SU 等常用建模工具

3ds Max、Maya、C4D、SU 等都是当下拥有大量用户群的三维建模的工具，被广泛地应用在建筑、室内、展示、游戏场景、角色造型、工业制造、广告等领域，下面就这些工具作个介绍。

一、3ds Max 和 Maya

1. 概念

3ds Max

3D Studio Max 是 Autodesk 公司开发的基于个人计算机系统的三维动画渲染和制作软件。3ds Max 强大的功能使其从诞生起就一直受到 CG 艺术家的喜爱，被广泛应用于广告、影视、工业设计、建筑设计、三维动画、多媒体制作、游戏、虚拟现实及工程可视化等领域。3ds Max 在三维模型塑造、虚拟现实场景搭建、动画和特效等方面都能制作出高品质的物象，使其在插画、影视动画、游戏、产品造型和效

果图表现等领域占据主导地位，成为全球最受欢迎的三维制作软件之一。

Maya

Maya 是美国 Autodesk 公司出品的世界顶级的三维动画软件，其应用对象是专业的影视广告、角色动画和电影特技等。Maya 功能完善，工作灵活，易学易用，制作效率极高，并且渲染真实感极强，是电影级别的高端制作软件。目前，百分之九十的电影及动画电影都是 Maya 制作的。

2. 内容差别

3ds Max 建立一个物体的方法是：创建基本形状（Creat），然后修改，再修改，直到符合需求。这与雕塑没什么两样，且创建用一个面板，修改用一个面板，完全分开，十分接近生活中的逻辑，比较容易被接受。

Maya 除了内核，其他所有的东西都是以节点（Node）的方式存在，节点可以看成是一段封装好的程序集合，用以完成一定的功能。Maya 就是通过将这些节点进行累加，实现所需。其最大的优点是强大的灵活性和扩展性，缺点是联系的复杂性（节点间盘根错节的联系）。

3. 性能差异

3ds Max 进入中国的时间比较早，现在学习 3ds Max 的人也非常多。3ds Max 确实有自己的强大之处——PolyGons（多边形）建模，灵活好用，广泛用于个人独立完成的作品制作。主要强调的是易用性和高效率，注重解决具体的实际问题。因而，成为讲求效率之客户的首选。

Maya 关注细节，强调的是灵活性及自我扩展能力，并且注重整体性和系统性，其系统内日渐完善，一般通过系统内各节点的配合来解决问题。相比 3ds Max 而言，Maya 更适合团队使用，适合大型项目的制作，许多影视大片都是通过 Maya 团队完成的。

4. 应用范围

3ds Max 软件应用主要是游戏模型制作、建筑效果图、建筑动画等。

Maya 软件应用主要是动画片制作、电影制作、电视栏目包装、电视广告等。

二、C4D

C4D 是 Cinema4D 的简称，当下比较热门的三维建模和动画制作软件。德国 Maxon Computer 研发的 3D 绘图软件，前身为 FastRay，包含建模、动画、渲染（网络渲染）、角色、粒子以及新增的插画等模块。C4D 以其运算速度快和渲染强著称，在用其描绘的各类电影中表现非常突出。随着技术越来越成熟，其受到了越来越多的电影公司的重视，同时，在电视包装领域也表现非凡，如今在国内已成为主流软件。

三维软件一般有一个特点，就是特别复杂，界面中有成百上千个按钮和参数，对新手很不友好，想精通更是难上加难。但是 C4D 简化了操作界面，减少了参数，让新手可以快速入门。

曾有一句玩笑话说：C4D 就是三维软件中的"美图秀秀"，虽然有点夸张，不过学起来确实是比其他的工具轻松多了。

此外，C4D 不仅能渲染静态的立体模型，还能做动效，里面的时间轴和 mograph 功能十分强大。在 UI 设计中其实只需要使用 C4D 的一小部分功能就足够了。

事实上，C4D 这类三维软件，与 Photoshop 差不多，只不过从二维变成了三维。在 C4D 中完成一个作品一般要分两步，第一步是建模，就是建立模型，类似于我们在 Photoshop 中用钢笔工具画出路径。第二步是渲染，类似于我们在 Photoshop 中做的各种效果，如内发光、投影等。当然，C4D 三维软件总体上还是比 Photoshop 复杂一些，但只要学会建模和渲染，那么后面的效果也就不难实现了。

三、SU

SU 是 SketchUp 的简称，是一套面向建筑师、城市规划专家、制片人、游戏开发者，以及相关专业人员的 3D 建模软件。基于方便使用的理念，其拥有一个非常简单的界面，比其他三维 CAD 软件更直观、灵活和易于使用。

SU 来自美国，最初由位于科罗拉多州博尔德市的成立于 1999 年的 @Last Software 所设计。SU 于 2000 年 8 月发行，是作为通用目的的三维内容创建工具。2000 年，在首次商业销售展上，它就获得了社区选择奖。随后又发现了一个位于建筑以及楼房设计产业的市场，并迅速发布了针对这种专业性工作需要的修订版。SU 早期成功最为关键的就是快速的学习掌握，相比于其他三维设计工具需要的学习期较短。

3 第三节 三维建模与虚拟现实

纷繁复杂的算法和技术，以及多样化的辅助软件，使得三维建模技术为我们打造更丰富、更直观的数字化体验奠定了基石。例如，数字化实现的 2D 模型不仅外观酷，而且更为重要的是能从城市发展规划中或在紧急情况下作出及时响应，发挥着各种各样实际的辅助作用。当三维建模可以与虚拟现实或增强现实融合时，人们会更加容易地理解他所看到的东西。由弗劳恩霍夫研究所（Fraunhofer Institute）领导的一个项目——Esri Deutschland GmbH，其名为"Morgenstadt 未来之城"。该项目使用 3D 和 VR 技术为未来的城市进行预测，以及开发和实施创新。Esri 的技术被用于生成三维城市模型，这是城市规划的关键工具，可与 AR 和 VR 结合使用，使规划过程更加透明。模拟噪声、污染物或光照分析，有助于实现实际可行的可持续决策。使用这些模型以及 AR 和 VR 开启了城市居民的参与度，并创造了实时的体验，而不仅仅是展现一个未来社会的愿景。并且，今后可以在人们的工作环境中广泛应用。举例来说，石油工人在偏远的地方铺设管道，他们可能不一定知道坐标是什么，但如果需要标记管道有泄漏的阀门点时该怎么办？此外，如何找到隐藏的资产，如当地

被雪覆盖时，一些偏远地区的管道或阀门？使用 AR，可以立即展示信息找到确切的位置，而无需要花费几个小时去铲雪。

除了人工建模，人工智能技术 AI 对 3D 建模也有大幅的提升作用，如在中国首次完成 AI+5G 的心脏手术项目中，教授团队采用了机器学习加传统计算机视觉的方法。对于心脏结构变化比较大的，用传统计算机视觉的一些方法；对于心脏的一些精细结构，则使用人工智能与传统计算机视觉方法之混合架构。其中将 2D 图像转换为 3D 图像，只需 2 分钟即可完成。并且，在先天性心脏病诊断的准确度上也比传统方法的 70% 提升了 12%，这对于结构性心脏病的治疗带来了重大突破。

总之，有了 AI、3D 技术，VR 技术为医疗方面提供了更多的可能性。例如，广东省人民医院心脏外科之庄建团队在全国率先将 VR 技术应用于复杂先天性心脏手术，即通过头戴式显示器，使医者能看到心血管结构的虚拟画面，再对虚拟心脏模型进行全方位的观察，让医生身临其境，"走进"器官。除了医疗和建筑，AI 在 3D 建模方面可应用的领域还有很多，如智能工厂、虚拟博物馆、虚拟试衣间、企业车间……我们有信心期待着三维技术在扩展现实中有更好的表现。

第七章
常用的虚拟现实引擎

1 第一节 游戏引擎与虚幻引擎

游戏引擎是指已编写好的电脑游戏系统，或一些交互式实时图像应用程序的核心组件。这些系统为游戏设计者提供了各种编写游戏所需的工具，其目的在于让游戏设计者能比较容易和快速地做出游戏程式，而不用从最基础开始。游戏引擎之大部分都支持多种操作平台，如 Linux、Mac OS X、微软 Windows 等。通常，游戏引擎包含以下系统：渲染引擎（即"渲染器"，含二维图像引擎和三维图像引擎）、物理引擎、碰撞检测系统、音效、脚本引擎、电脑动画、人工智能、网络引擎和场景管理。其中物理引擎，主要的作用是帮助开发者模拟与真实世界类似的物理效果（重力、弹性、摩擦力、加速度），在各种力的相互作用下，游戏中物体的运动轨迹计算特别繁琐，一般的开发人员难以把握。物理引擎的作用是"大神们"各种力的相互作用都事先写好相应的代码，普通用户只需要给物体设置好初始状态，物体接下来

的运动就交给物理引擎去执行好了。由此，可以大大提高游戏开发的效率。

图 7-1 虚幻引擎

虚幻引擎（Unreal Engine）是一款由 Epic Games 开发的游戏引擎。该引擎起初主要是为开发第一人称射击游戏而设计的，但现在已经被成功地应用于开发潜行类游戏、格斗游戏、角色扮演游戏等多种不同类型的游戏。

初始版本：UE1，诞生在 1998 年前。目前最新版本为虚幻引擎 5（UE5），该版本在 2021 年 5 月发布了预览版。在 2022 年发布完整版。

游戏引擎通常由多个子系统共同构成的复杂系统，几乎涵盖了游戏开发过程中的所有重要环节，其是游戏开发的流程核心。而 UE 是目前世界最知名、授权最广的顶尖游戏引擎，占全球商用游戏引擎 80% 的市场份额。自 1998 年正式诞生至今，经过不断的发展，虚幻引擎已成为整个游戏界中运用范围最广，整体运用程度最高，次世代画面标准最高的一款游戏引擎。UE 引擎是美国 Epic 游戏公司研发的一款 3A 级次世代游戏引擎，前身就是大名鼎鼎的虚幻 3（免费版称 UDK），许多人们耳熟能详的游戏大作都是基于这款引擎诞生的，例如：《剑灵》《鬼泣 5》《质量效应》《战争机器》《爱丽丝疯狂回归》等。其渲染效果强大并采用 pbr 物理材质系统，因此它的实时渲染效果非常好，可以达到类似 Vray 静帧的效果，成为开发者最喜爱的引擎之一。

2 第二节 UE的特性

虚幻引擎的工具链完善，框架设计合理。例如，虚幻引擎内置的多种 GameMode、角色控制器、车辆物理模型都是历史传承的精华。如果开发者的游戏与 UE 引擎内置的功能合拍，并能直接用到其内置的功能，那一定会有一种非常爽快的开发体验，因为它能极大地提高工作效率。

此外，虚幻引擎还具有以下的一些特性：实时逼真渲染。基于物理的渲染、高级动态阴影选项、屏幕空间反射和光照通道等强大功能将帮助我们灵活而高效地制作出令人赞叹的内容，可以轻松获得电影大片级别的视觉效果；可视化脚本开发。游戏逻辑的开发提供了独创的蓝图方式和 C++ 代码方式，其中蓝图是一种比较简单易用但又功能强大的可视化脚本开发方式。C++ 代码的支持可以使程序员用最直接的方式实现最优秀的解决方案；专业动画与过场。动画方面提供了由影视行业专家设计的一款完整的非线性、实时动画工具（Sequencer），包括了动态剪辑、动画运镜以及实时游戏录制；健全的游戏框架。UE 提供了包含游戏规则、玩家输出与控制、相机和用户界面等核心系统的 GamePlay 框架。同时内置了各种类型的游戏模板和多人游戏模板等；灵活的材质编辑器，提供了基于节点的图形化编辑着色器的功能；先进的人工智能，提供了行为树，场景查询系统等 AI 相关的先进工具；源代码开源，可以通过源代码更深入的学习或解决问题。

3 第三节 UE5闪亮登场

图 7-2　UE5 版本发布

2021 年，UE5 首次揭开了面纱。Epic 对于次世代的愿景之一就是让实时渲染细节能够媲美电影 CG 和真实世界，并通过高效的工具和内容库让不同规模的开发团队都能实现这一目标。

此次虚幻发布的 DEMO 展示了虚幻引擎 5 的两大全新核心技术：

其一，Nanite 虚拟微多边形几何体可以让美术师创建出的人眼能看到一切几何体细节。Nanite 虚拟几何体的出现意味着由数以亿计的多边形组成的影视级美术作品可以被直接导入虚幻引擎——无论是来自 Zbrush 的雕塑，还是用摄影测量法扫描的 CAD 数据。由于 Nanite 几何体可以被实时流送和缩放，因此无需再考虑多边形数量预算、多边形内存预算或绘制次数预算了，也不用再将细节烘焙到法线贴图或手动编辑 LOD，画面质量不会再有丝毫损失。

其二，Lumen 是一套全动态全局光照解决方案，能够对场景和光照变化做出实时反应，且无需专门的光线追踪硬件。该系统能在宏大而精细的场景中渲染间接镜面反射和可以无限反弹的漫反射；小到毫米级、大到千米级，Lumen 都能游刃有余。美术师和设计师可以使用 Lumen 创建出更加动态的场景，例如，改变白天的日照角度，打开手电或在天花板上开个洞，系统会根据情况调整间接光照。Lumen 的出现为美术师们省下大量的时间，大家不需要因为在虚幻编辑器中移动了光源再等待光照贴图烘焙完成，也无需再编辑光照贴图 UV。同时，光照效果将与在主机上运行游戏时保持完全一致。

这一品质上的飞跃得益于无数团队的努力和技术的进步。为了使 Nanite 几何体技术创建巨型场景，团队大量使用了 Quixel 的 MegaScans 素材库，后者提供了上千万多边形的影视级对象。为了支持比前世代更庞大更精细的场景，PlayStation 5 也大幅提升了存储带宽。另外，这些演绎还展示了现有的引擎功能，包括 Chaos 物理与破坏系统、Niagara VFX、卷积混响和环境立体声渲染。

在虚幻 4 与 5 的使用情况中，虚幻引擎 4.25 已经支持了索尼和微软的次世代主机平台。目前 Epic 正与主机制造商、多家游戏开发商及发行商密切合作，帮助他们使用虚幻引擎 4 开发次世代游戏。虚幻引擎 5 将支持次世代主机、本世代主机、PC、Mac、iOS 和 Android 平台。虚幻正在设计向前兼容的功能，以便大家先在 UE4 中开始次世代开发，并在恰当的时机将项目迁移到 UE5。通常，虚幻将在次世代主机发售后，让使用 UE4 开发的《堡垒之夜》登陆次世代主机。为了通过内部开发证明虚幻之行业领先的技术，Epic 计划在新版本正式发布后

将该游戏迁移至 UE5。

除了提升性能，Epic 这次还将分成门槛提升至游戏总营收——首次达到 100 万美元。大家可以一如既往地免费下载并使用虚幻引擎开发游戏。从现在开始，全新的虚幻引擎许可条款，将给予游戏开发者们更好的许可模式、更慷慨的待遇，且其效力可追溯至 2020 年 1 月 1 日。

4 第四节　什么是Unity 3D引擎

图 7-3　Unity 3D 引擎

Unity 是 一 款 由 Unity Technologies 所研发的跨平台 2D / 3D 游戏引擎，可用于开发 Windows、MacOS 及 Linux 平台的单机游戏；PlayStation、XBox、Wii、3DS 和 任天堂 Switch 等游戏主机平台的视频游戏，以及 iOS、Android 等移动设备的游戏。并且，Unity 所支持的游戏平台还延伸到了基于 WebGL 技术的 HTML5 网页平台，以及 tvOS、Oculus Rift、ARKit 等新一代多媒体平台。除了可用于研发电子游戏外，Unity 还被广泛用作建筑可视化、实时三维动画等类型互动内容的综合型创作工具。

Unity 最初于 2005 年，在苹果公司的全球开发者大会上对外公布并开放使用，当时只

是一款面向 Mac OS X 平台的游戏引擎。时至 2018 年，该引擎所支持的研发平台已达到 27 个。

Unity 发布以来，陆续公布了数个更新版本，包括 Unity 4.x 和 Unity 5.x。2016 年 12 月，鉴于引擎的更新速度逐渐加快，Unity 官方决定不再在其版本号中标注纯数字，而改用年份 + 版本号的复合形式，如 Unity 2018.2，发布时间为 2018 年 7 月 10 日。其是目前最受用户青睐的游戏引擎之一，能够创建实时、可视化的 2D 和 3D 动画、游戏，被誉为 3D 手游的传奇。Unity 3D 可以创建虚拟的现实空间，让人们在

虚拟的世界里尽情发挥，使心灵得到释放。

　　游戏开发后迅速崛起，发展为独具特色且前景广阔的行业，市场需要 Unity 3D 技术作为支撑的游戏，企业需要 Unity 3D 技术的开发人才，因此，Unity 3D 技术人才的需求量会越来越大。

　　Unity 引擎拥有数量庞大的开发者群体，目前占据全功能游戏引擎市场 45％的份额，全世界有 6 亿的玩家在玩使用 Unity 引擎制作的游戏，居全球首位。Unity 3D 开发人员的占有比例为 47％，在 2019 年的 GOOGLE I/O 大会上就曾宣称其平台已经坐拥 550 万开发者。中国区的开发者数量为全球第一。

第五节　什么是 IdeaVR

　　IdeaVR 是一款国内自主研发的虚拟现实内容开发引擎，专门定位于行业的应用内容开发，非专业人员也可以熟练掌握。其降低了国内用户学习、使用虚拟现实技术的门槛，帮助行业用户解决在高风险、高成本、不可逆或不可及、异地多人等场景下，进行教学培训、模拟训练和营销展示等应用。

　　前面介绍的两款国外引擎 Unity 3D 和 Unreal Engine4，主要定位于游戏开发，面向专业的程序开发人员，而 IdeaVR 则更专注于行业应用领域，其易学、易用的特性面向着更为广大的虚拟现实爱好者。使用 IdeaVR，用户不仅能快速掌握该软件的操作方法，而且还可以制作出画面精美、交互完善的三维可视化场景，这也是该软件在易学易用基础上之功能强大的表现。除此之外，相比其他专注于游戏内容制作的引擎一般只能支持百万级面片模型的导入相比，IdeaVR 可直接导入千万级面片的模型，其导入在模型大小、加载速度等方面具有明显的优势。这些优势可以帮助工业、建筑等领域的用户，将自己的模型数据高效无损地带入到 VR 内容中。例如，内置教学考练模块，是辅助教学的设计，也是前面介绍的易学、易用的重要体现，而 PPT 和视频课件导入、自由标注、考试考核等功能则是对传统教学方式的扩展和延伸。可以让有教学、学习、考试、练习需求的用户无需脱离 VR 环境就可完成培训、考核、实训等学习流程，既满足教育用户的 VR 教学需求，又能帮助企业完成对内部员工和客户的培训工作。另外，远程多人协同模块也是 IdeaVR 的亮点和核心功能之一，它支持近百人在全球范围内进行 VR 内容的多人协同，并且可以实时语音交流。不管用户在哪个国家或者哪个城市，局域网还是广域网，都能无延时地连接到一个虚拟场景中交互，这对于有远程和多人，以及异地协同的教学和培训、实训等需求的用户有着非常大的吸引力。

第八章
IdeaVR 2021引擎（上）

第一单元　IdeaVR 阿凡达版

一、IdeaVR 2021——阿凡达

　　IdeaVR2021，项目代号阿凡达，是曼恒数字历时两年多时间对 IdeaVR 的重大更新，是一次里程碑的突破。更先进的技术、更强大的功能，可为用户带来全新的虚拟现实交互体验。除本书外，读者也可以登录其官网 http://ideavr.top/avatar/ 进行学习。

二、关于 IdeaVR

　　IdeaVR 是一款专为教育、医疗、商业等领域打造的虚拟现实引擎平台，相比其他虚拟现实 创作引擎（定位于游戏开发，需要专业程序开发人员），IdeaVR 虚拟现实引擎是定位于行业应用内容开发，让非专业编程人员也能在短时间内熟练掌握，并进行非游戏内容创作。IdeaVR 2021版本的硬件兼容性有较大的提升，能够兼容绝大多数的电脑。IdeaVR 对设备的低要求，极大地方便了用户学习虚拟现实内容创作的门槛。如果用户希望能够体验 VR，建议硬件配置能够达到 VR Ready 的性能要求。

三、软件安装与服务

　　IdeaVR 2021 版本的硬件兼容性比较好，能够兼容绝大多数的电脑。IdeaVR 对设备要求低，将方便用户学习虚拟现实内容创作。除硬件具有很大的兼容外，其对操作系统也进行了多操作系统适配，并在 Windows 以外，适配了 MacOS 系统、Linux 系统，以及麒麟系列的国产操作系统。如果用户希望能够体验 VR，建议硬件配置要达到 VR Ready 的性能要求。下面的参数为 2019 年 Valve / SteamVR / HTC Vive 推荐的 VR 硬件规格：

　　显 卡：*NVIDIA GTX 1060 / AMD Radeon RX 480，相当于或更好*

　　CPU：*Intel i5-4590 / AMD FX 8350 等效 或更高*

　　内存：*4GB RAM 或更高*

　　视 频 输 出：*HDMI 1.4 或 DisplayPort 1.2*

或更高版本

　　USB 端口：1 个 USB 2.0 或更高端口

　　操作系统：Windows 7 SP1，Windows 8.1 或更高版本，Windows 10

四、账号注册及申请试用

1. 账号注册

登录官网 https://forum.ideavr.top/ 进行注册。

2. 提交申请

在申请试用页面中填写相关信息，提交申请后就可以安装使用 IdeaVR 2021 了。

图 8-1 申请试用

3. 登录账号

在申请试用页面中填写相关信息，提交申请后就可以安装使用 IdeaVR 2021 了。安装完成后打开软件需要输入前一步注册的用户名和密码。

4. 离线登录

如果你的电脑暂时无法连接到互联网，也可以使用离线登录。

五、IdeaVR编辑器的界面布局

为了界面友好，方便用户操作和使用，在编辑器的界面中有多处快捷工具栏，并有一些使用上的小技巧，下面介绍各个快捷工具的功能和使用。

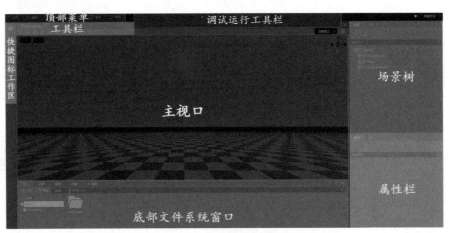

图 8-2 IdeaVR 编辑器布局

1. 顶部菜单栏

IdeaVR 顶部的主菜单栏与其他工具软件在功能和布局上并无太大差别，统筹管理着项目和编辑器的常用设置。

图 8-3 顶部菜单栏

（1） 文件

IdeaVR 的文件菜单提供了对于文件、项目、场景等最常用的操作选项。

（2） 编辑

编辑菜单提供了对于场景操作的常用选项，其中聚焦选中项、复制节点路径、克隆节点、删除节点，一般在场景中选中节点的时候启用。

（3） 快速创建

为了更快地进行内容创作，提供了快速创建功能，可以通过该功能快速创建场景中的节点和资源。我们归纳总结了场景中较为常用的节点，并将它们预置到了快速创建菜单中。

（4） 工具

工具菜单提供了编辑 IdeaVR 编辑器的功能，可以通过该功能对 IdeaVR 编辑器进行响应的设置。此外，工具菜单还包含了针对编辑器使用的一些小工具，如全屏模式，以及截取屏幕。 管理导出模板是针对 IdeaVR 中导出发布的功能所需要使用到的 导出模板 的管理。

（5） 窗口

窗口菜单，提供了调整编辑器布局的功能和视图调整：可以调整视口的个数，以便于更好地观察所制作场景各个视角的情况；控制器提供了显隐其中所列出节点的工具控制器的功能；视图显示控制能够控制是否显隐视口中的网格，以及原点坐标轴；调试显示控制：便于调整所设置碰撞体的显隐。

（6） 帮助

帮助菜单，提供

图 8-4 调试按钮

了一 系列可以帮助的功能，如新手指南、用户手册等，可以从这里进入教程。

2. 调试按钮

在内容制作时，可通过调试按钮预览场景效果和交互。从左至右分别为该项目的运行、暂停、停止、运行当前场景，以及运行自定义场景按钮。其中三个运行按钮分别会打开主场景和当前界面的场景，以及自定义选择的场景。

3. 运行模式

在界面右上角有运行模式的切换按钮分别为：效果优先和性能优先。

效果优先： 确保渲染效果，但会造成一定的资源消耗。

性能优先： 渲染效果会有一定程度上的减弱，但资源消耗能在很大程度上减少。

图 8-5 运行模式

4. 工作区

可在界面左侧看到七个工作区按钮：UI 场景（2D）、3D 场景（3D）、脚本、资源商城、项目设置、导出、退出到项目列表。

图 8-6 工作区

（1）UI 工作区

UI 工作区 提供了可视化的 UI 创建和快速布局功能。在 UI 工作区，也可以通过可视化的方式构建场景的用户界面、交互指引等 UI 组件。

（2）3D 工作区

在 3D 工作区 中，可以掌控所有的 3D 资源，如创建网格（Mesh）、使用相机（Camera）、通过灯光（Light）调整场景效果，以及环境（WorldEnvironment）等功能进行 3D 项目的设计制作。

（3）交互编辑器

为了实现场景中的各种交互，我们一般会在脚本编辑器中进行脚本编写，称脚本编辑器 为交互编辑器 。交互编辑器，以可视化交互编辑为主。

（4）资源商城

可以在资源商城中下载官方的插件资源，如动态天气系统、地形系统、海洋等插件，以及 VR 相机、自动跟随、3D 按钮等 PRO 系列插件。

项目设置、导出、退出到项目列表

图 8-7 资源商城

这三个按钮功能与主菜单中一致，放在工作区旨在方便开发人员的使用。

5. 工具栏

工具栏提供对最基本工作功能的访问，在这里可以找到用于移动、缩放或锁定场景对象的工具。如果跳到不同的工作区时，工具栏的内容会随之改变。

2D 工作区：

图 8-8 2D 工作区

3D 工作区：

图 8-9 3D 工作区

6. 坐标轴工具

在 3D 工作区左上角，有选择、平移、旋转、缩放、空间切换、原点聚焦、变换单位按钮，方便快速操作。在坐标轴上，红色：代表 X 轴；绿色：代表 Y 轴；蓝色：代表 Z 轴。

图 8-10 坐标轴工具

选择按钮默认是，该功能说明当前处于选择模式，

也是默认模式。

平移按钮 ，点击该按钮后如果场景中有节点被选中，则会出现平移操作坐标轴，而使用鼠标左键按下拾取指定的坐标轴，则可以对节点进行相应的平移操作。

旋转按钮 ，点击该按钮后如果场景中有节点被选中，则会出现旋转操作坐标轴，而使用鼠标左键按下拾取指定的坐标轴，则可以对节点进行相应的旋转操作。

缩放按钮 ，点击该按钮后如果场景中有节点被选中，则会出现缩放操作坐标轴，使用鼠标左键按下拾取指定的坐标轴，则可以对节点进行相应的缩放操作。

图 8-11 模型坐标轴

当前本地空间按钮 ，如果处于该模式下，坐标轴的显示是按照模型空间来展示，此时所显示的操作坐标轴的三个轴不一定是平行于世界坐标轴的，通过坐标轴来编辑节点，都是在模型坐标轴下进行。

点击 按钮后，该按钮变为当前世界空间按钮 ，在该模式下，坐标轴的显示是按照世界空间来展示，坐标轴用于平行于世界坐标轴，通过坐标轴来编辑节点，都是在世界空间坐标轴下进行。

当前原点聚焦按钮 ，如果处于该模式下，则坐标轴的位置是在模型的原点位置。如果选择了多个节点，则坐标轴的位置是选中的第一个模型的原点位置。

点击 按钮后，该按钮变为：当前中心点聚焦按钮 ，在该模式下，坐标轴的位置在所选模型的包围盒中心点（包围盒中心点并不一定等于模型原点位置）。如果选择了多个节点，则会构建一个大的包围盒，将所有选中对象的节点包含进去，坐标轴的位置则是这个包围盒的中心点。

（1）预览相机

预览相机，主要负责查看编辑端及运行端相机的视口。

（2）3D 工作区

右上角则是相机的选择项，包括 当前视口 、 Camera ，还有视口设置。当前视口：该相机当前的 3D 视口操作之相机是编辑端默认的相机。Camera： 该相机是案例运行时的相机，相机在节点树中有相同名字的相机节点。通过切换这两个相机，可以方便在制作案例的过程中查看运行时相机的视口。视口设置点击视口设置按钮后，出现视口设置界面，在这个界面中，可以设置透视视角、查看 Z-Near（即相机近裁减面）、查看 Z-Fear（即相机远裁减面），来改变相机的视口。

7. 底部窗口

底部窗口的面板分为文件、资源、动画、输出四个部分。

文件界面可以访问和管理项目文件和资源。

左侧面板将项目的文件夹结构

图 8-12 底部窗口

显示为层级列表。通过单击从列表中
选择文件夹时，文件夹内容将显示在
右侧面板中。可单击小三角形来展开
或折叠文件夹。

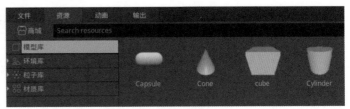

图 8-13 资源 / 模型库

底部窗口右上角的部分是该界面
工具栏，此处可以指定文件夹中文件
的排列是以列表形式，还是以缩略图形式来显示所有项。最右侧的图标按钮是用于展开和收起底部
面板。图片的下方是文件搜索工具栏。

资源

资源是系统提供的资源库。资源库中又分以下几部分：模型库、环境库、粒子库、材质库。

模型库

模型库中目前预置提供了常用的七种模型素材，分别是：胶囊、圆锥、方块、圆柱、面板、三
角体和球形。

环境库

模型库中目前预置提供了三大类的环境球，分别是：天空、室内、室外，共计 27 种环境效果。

粒子库

在现有的粒子库中，目前预置提供了不少于十种的粒子特效。如直接拖入 3D 场景的主场景视
口中，可以立即看到粒子特效。

材质库

材质库中目前预置提供了六大类：地面、墙面、木纹、玻璃、软装和金属，共计不少于 70 种
的材质球效果。

人物库

材质库中目前预置提供了八类职
业人群的人物模型。

动画

在 IdeaVR 中，配合菜单和属性
面板，可以为属性面板中的任何内容
设置动画。例如，节点转换、子画面、
UI 元素、粒子，以及材质的可见性和
颜色等。

图 8-14 层级窗口

输出

输出界面为输出日志的界面，可
在此处进行问题的定位和查找。

8. 层级窗口

图 8-15 属性窗口

层级窗口是场景中每个对象节点的分层文本表示形式（位置在图 8-2 布局图中的场景树区域）。场景中的每一项都在层级视图中有一个节点条目，因此这两个窗口本质上相互关联。层级视图显示了对象之间相互连接的结构。关于节点的相关知识之后还会详细介绍。

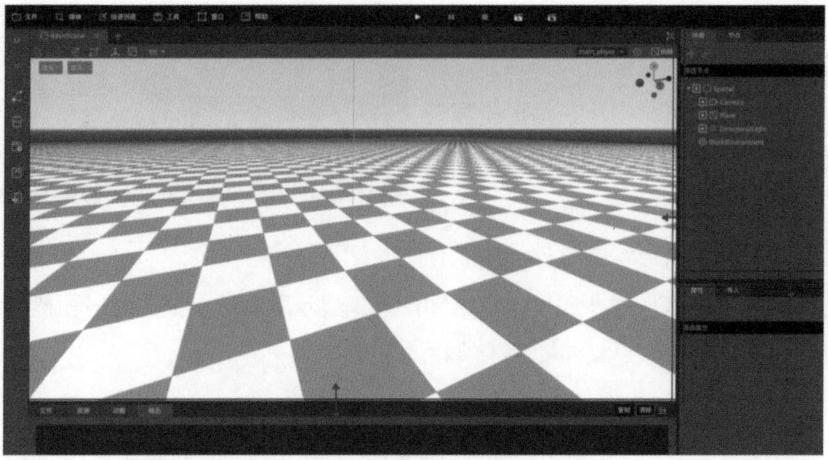

图 8-16 调整窗口、面板尺寸

9. 属性窗口

属性窗口可以管理场景内容的属性（位置在层级窗口下方），该窗口会显示有关当前所选节点对象的详细信息，包括所有附加的组件及其属性，并允许修改场景中对应对象的功能。由于不同类型的节点对象具有不同的属性集，因此窗口的布局和内容会有所不同。

图 8-17 改变布局方式

10. 自定义界面

根据使用者的个人习惯，可以自行对界面进行更改。

移动，重新调整面板尺寸。

点击子场景边缘并拖动鼠标可以水平或垂直地调整每个子面板的大小。

可在窗口 > 编辑器布局中保存你更改的布局。

IdeaVR 提供了三种布局方式：默认布局、专业布局和简洁布局，可根据需要进行选择使用。最后，在主菜单的工具 > 编辑器设置中可以微调编辑器外观，在窗口 > 视图中可以调整视口个数。

六、常用场景视口操作

视口操作，主要介绍主视口鼠标键盘操作，包括主视口中透视及显示菜单栏功能。

1. 鼠标和快捷键

鼠标左键

O 单击选中节点；O 取消选中（点击空白处）；O 点击空白处不松开，移动鼠标实现框选。

按下 鼠标右键（不松开）， 滑动滚轮 可以改变相机移动速度。

鼠标滚轮：**O** 前后滑动，前后移动相机；**O** 按下（不松开），拖动场景。

键盘移动视口

O 按下鼠标右键（不松开），键盘 WASD 前后左右移动相机；

O 按下鼠标右键（不松开），以相机当前位置为原点环视视口；

O 按下鼠标滚轮（不松开），键盘按住 Alt，以相机前方一定距离为原点环视视口，如果此时聚焦了某节点，则是以聚焦点为原点环视视口。

注意：键盘移动视口中的"ALT"可以在菜单栏"工具 - 编辑器设置 - 编辑器 - 三维 - 导航 - 环视辅助键"中修改。

拆分视口 软件提供拆分视口功能，可以根据需求将视口拆分为 1 到 4 个视口，并可在最上面的菜单栏 窗口、视图中按照自己的需求设置视口个数。

图 8-18　更改 Alt 设置

视口工具 3D 工作区 展示区域的左上角，包含了透视、显示菜单栏。

2. 透视

透视菜单中包括：顶视图、底视图、左视图、右视图、前视图、后视图、透视、正交、启用自动正交、锁定视角旋转。通过这些功能，可以不同的视角来查看当前的 3D 场景。

其中透视投影相机的视口是圆锥型的，如图 8-19（a），类似人眼在真实世界中看到的有"近大远小"的效果。正交投影相机的视口是立方体，如图 8-19（b），无法看到一个物体其远离自己还是在自己的前面，因为其不会根据距离收缩，在三维中是平行的线，在正交投影中也是平行的。通常用于建模或者 2D 场景时，不希望模型出现变形，必须保证模型真实效果。

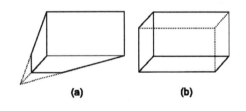

图 8-19　透视与正交

启动自动正交 当勾选此选项时，切换视图，会自动使用正交。

锁定视角旋转 勾选后，无法进行视角的旋转。

3. 显示

显示菜单栏包括：显示法线、显示线框、显示重复绘制、显示无阴影、查看环境、查看控制器、查看信息、查看旋转控制器、半分辨率、音频监听器、启动多普勒效应、效果预览、显示原点、聚焦选中项、移至相机、将变换与视图对齐、将旋转与视图对齐。

显示法线 当前状态下，法线会被使用，所看到的效果就是正常的效果。

显示线框 当前状态下，以线框模式显示模型。

显示重复绘制 当前状态下，会显示出所有像素在一帧中所绘制的次数，颜色深浅表示绘制次数的多少。

显示无阴影 当前状态下，不会显示出阴影效果。

注意：显示法线、显示线框、显示重复绘制、显示无阴影这四个选项是四选一，当前必须是此四种状态中的一种。

查看环境 该按钮控制是否显示出环境效果，包括天空球、天气系统等。因此没勾选场景会显得比较暗。如图 8-20 所示。

查看控制器 该按钮控制场景中相机、灯光图标的显示，当勾选时，会显示这些图标，不勾选则不显示。

图 8-20 勾选与不够选查看环境效果

查看信息 该按钮控制信息列表的显示，信息列表包含 FPS(帧率)、绘制对象、材质变更、着色器变更、表面变更、绘制调用、顶点等信息。

查看旋转控制器 该按钮控制 3D 视口右上角旋转控制器的显隐。

半分辨率 勾选该按钮后，绘制时以当前分辨率的一半分辨率来绘制，并且降低清晰度，但可以增加运行流畅度。

音频监听器 该按钮控制编辑视口音频的播放。勾选时，在节点树中音频节点属性"播放中"勾选的时候，编辑视口也能听到声音，反之，不管节点树中音频节点属性"播放中"是否勾选，在编辑视口也听不到声音。

启用多普勒效应 该按钮控制是否启用音频多普勒效应，启用后音频具有多普勒效应。多普勒效应是一种常见的声学现象，对听音者而言，声信号的频率会随着虚拟声源相对运动速度发生改变。具体来说，虚拟声源以一定速度靠近听音者，听音者感知到的声信号的频率会比原声信号的频率有所提高，反之，频率会有所降低。

效果预览 勾选该项后，一般会将相机改为运行时的相机，可以看到启动运行时的视口效果。该模式下，鼠标的控制是禁用的。

显示原点 该按钮会聚焦原点，将原点显示在视口正中心。

聚焦选中项 使用该按钮通常会将坐标轴移动到视口中心。坐标轴的位置与所选节点相关。如图 8-21 所示。

图 8-21 聚焦选中项

移至相机 使用该按钮可以将选中的节点移到相机前，支持多节点的移动。如图 8-22 所示。

将变换与视图对齐 该功能即是将选中物体移到相机前。

将旋转与视图对齐 该功能即是旋转节点，将其坐标轴与相机的坐标轴对齐。

3D 工作区 右上角展示的是旋转控制器。

旋转控制器 可将鼠标放到旋转控制器上，按下鼠标左键来自由旋转场景，并且可以点击旋转控制器上的 X、Y、Z 球或者其他三个小球来快速查看相应的视图，这些视图是前面已介绍的顶视图、底视图等六个视图。

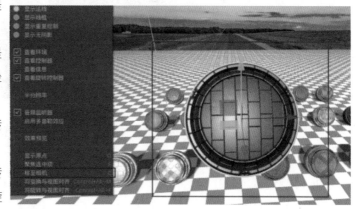

图 8-22 移至相机

注意：如果前面勾选了"启用自动正交"，那么切换视图时，会自动采用正交投影。

2 第二单元 项目管理与材质编辑

一、项目管理器

1. 登录账户

在完成注册、申请试用后，我们就可以使用注册的账号，以及与此账号绑定的邮箱或者手机登录账户了。如图 8-23 所示，通过手机及验证码登录。

提示：如果未申请试用，使用手机号码以及验证码是无法成功登录的！如果电脑暂时无法连接到互联网，则也可以使用离线登录。

图 8-23 登录界面

图 8-24 离线登录

2. 项目管理器

在登录成功后会进入 项目管理器 界面，下面介绍项目管理器界面的各个功能，如 8-25 图所示：

（1） 项目列表页和新建项目页切换

上图中标号 [1] / [2] 切换 项目列表页和新建项目，[1] 为项目列表页，[2] 为新建项目页。

（2） 项目列表

上图中标号 [3] 的区域为项目历史列表，之前打开过的项目都在这里列出，可以双击快速打开，如是第一次使用软件，这里可能为空。

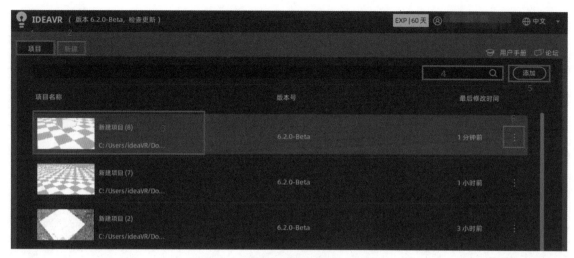

图 8-25 项目管理器

注意：不同版本号之间的场景在兼容性上存在差异，建议选择与场景匹配的软件版本进行编辑。尤其 IdeaVR 2021 与 IdeaVR 之前的版本不兼容，原版本内容在 IdeaVR2021 中无法编辑。

（3）项目列表搜索

图 8-25 中标号 [4] 为项目列表搜索框，可以键入关键字筛选需要列出的项目，以达到快速找到历史项目的目的。

（4）向项目列表中添加项目

如果已经有一个 IdeaVR 的项目，则直接用鼠标把项目文件夹拖入到该列表，可快速向该列表中添加项目。同时也可以点击上图标号 [5] 的添加按钮，选择一个所需的项目文件夹添加到此列表。

此外，可以将整个项目打包成 zip 文件导入，或找到项目的 project.ideavr 文件选择单个文件导入，如需导入单个文件，点击图 8-26 中标号 [7] 的按钮即可。

图 8-26 导入文件

（5）项目列表管理

可以对项目列表中的项目进行显示本地文件夹和删除操作。点击上图中标号 [6] 的按钮，在弹出的菜单中选择在资源管理器中显示或删除。

3. 创建新项目

项目管理器可以根据一个空场景或一个场景模板来创建一个新项目，下面介绍新建项目的各个功能，新建项目界面如图 8-27 所示：

（1）选择项目模板

在图 8-27 中标号 [8] 为空场景，如果想新建一个空场景的项目，可以选择此项。如果要用一个模板来创建一个新项目，请先下载所需的项目模板，下载按钮为 8-27 图中标号 [9] 的按钮，下载

图 8-27 创建新项目

完成后就可以选择此项来用该模板创建项目。

(2) 效果优先 / 性能优先

如果希望优先保证渲染效果，请选择图 8-27 中标号 [10] 的选项，如果设备配置性能有限，请选择此图中标号 [11] 的选项，以降低渲染效果来优先保证流畅运行。

提示：导出为 Web 时，只能选择性能优先。

(3) 项目路径选择

图 8-28 项目路径选择

图 8-27 中标号 [12] 可以自定义项目创建的路径，也可以点击图中标号 [13] 的按钮来选择一个路径。标号 [14] 可以自定义项目名称。选项设置好后，点击图中标号 [15] 的按钮可以创建并编辑一个新项目。

在图 8-28 中，标号 ① 可以向前返回，标号 ② 可以向后返回，标号 ③ 可以前往上级目录，标号 ④ 可以输入目标路径，标号 ⑤ 可以在此路径下搜索文件，标号 ⑥ 可以刷新文件，标号 ⑦ 可以显示、隐藏 "隐藏文件"，标号 ⑧ 以网格缩略图显示文件，标号 ⑨ 以列表的方式显示文件，标号 ⑩ 可以新建文件夹，标号 ⑪ 选择盘符，标号 ⑫ 以选中的文件夹作为项目的路径，标号 ⑬ 为取消，可返回项目管理器。

4. 其他功能

除了项目列表和新建项目之外，项目管理器还具有以下功能：检查更新、切换语言、在线用户手册、论坛等。

5. 用户手册和论坛

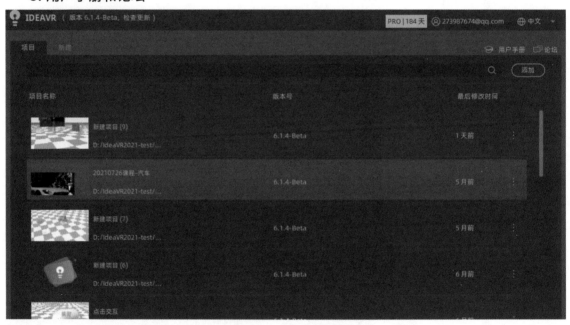

图 8-29 其他功能

点击用户手册可以链接到 IdeaVR 的官方网站 http://ideavr.top/avatar/ 的用户手册进行浏览。点击论坛则进入到 "IdeaVR 使用交流平台"。与此同时，可以在线交流 IdeaVR 引擎使用过程中遇到的各种问题。

此外，IdeaVR 官网还提供了新手指南、视频教程、作品展示等模块（参看图 8-30）。

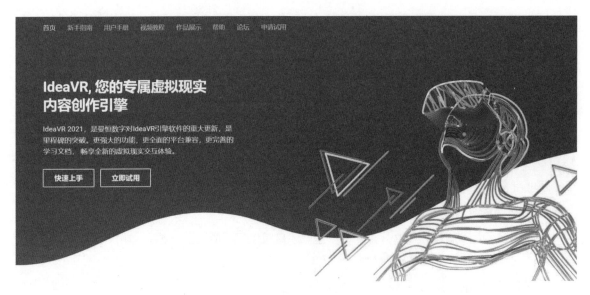

图 8-30 IdeaVR 官方网站

二、材质属性

打开场景后，单击鼠标左键，选中一个喜欢的材质球，在物体属性栏里就可以看到其相应的材质属性。点击这个材质球后，下拉菜单可以看到对应修改属性的地方，如反照率、金属、粗糙度等参数，通过拖曳滑杆，就能看到材质的实时变化情况，如图 8-31 所示。

图 8-31 材质属性面板

IdeaVR 的 材 质 系 统支 持 PBR 材 质 效 果，可创 建 ShaderMaterial 和 SpatialMaterial。SpatialMaterial 是所有3D节点的基础材质类型。ShaderMaterial 可基于自定义着色器对材质进行高级属性的编辑。

SpatialMaterial

图 8-32 SpatialMaterial

点击模型材质球选项时，会弹出下方材质属性选项。

反照率 在纹理选项中，可以贴入物体的漫反射贴图；在颜色选项中，可以改变物体表面的漫反射颜色，如图 8-33 所示。

金属 在纹理选项中，可以贴入物体的金属反射贴图；在金属属性中，通过滑块调节或直接输入数值，调节物体表面的金属度。

粗糙度 在纹理选项中，可以贴入物体的粗糙度贴图；在粗糙度属性中，通过滑块调节或直接输入数值，调节物体表面的粗糙度。

自发光 勾选启用选项后，可调节物体表面自发光颜色，以及通过能量滑块，调节物体自发光强度。

法线贴图 勾选启用选项后，可贴入物体表面的法线贴图，并通过移动滑块，调节法线贴图的应用强度以适配模型。

环境遮蔽 勾选启用按钮，可贴入环境遮蔽贴图，并可调节光线所能影响的强度。如图 8-34 所示。

UV 可更改物体表面的贴图缩放，以及偏移比率，如图 8-35 所示。

注意：UV 选项中的偏移值为 -1～1 之间的数值。

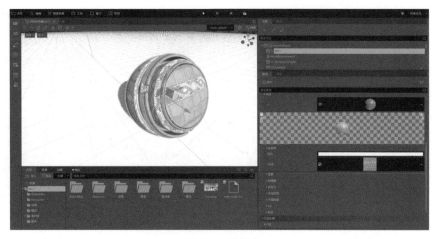

图 8-33 反照率

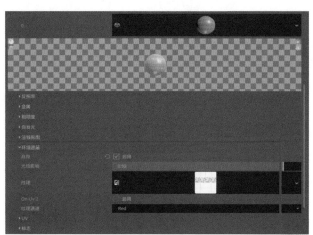

图 8-34 环境遮蔽

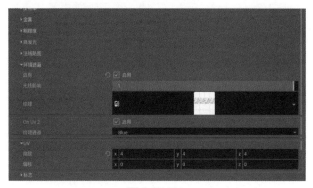

图 8-35 UV

三、材质编辑

选择文件栏下方的材质库，选择一个喜欢的贴图，将该贴图拖拽到相应属性下方的纹理栏即可，然后根据需要，自定义调整参数。必须注意的是，请将对应的贴图拖曳入对应的目标模型。如图 8-36 所示。

图 8-36 编辑材质

四、构造实体几何形状（CSGShape）

CSG 代表"构造实体几何"，是一种组合基本形状或自定义网格以创建更复杂形状的工具。在 3D 建模软件中，CSG 通常被称为"布尔运算符"。在三维引擎中，一般无法对外部导入模型的网格信息直接修改，因此在 IdeaVR 中，我们可以利用 CSG 形状的灵活可编辑性，快速搭建简易关卡，适用于场景原型设计。

快速创建 可从顶部菜单栏的快速创建栏，获得构造实体几何（CSG）相关的形状节点，包括 CSG 方块、CSG 圆柱体、CSG 球形、CSG 环形和 CSG 多边形。专业版还提供了自定义网格（CSGMesh）和 CSG 组合器（CSGCombiner）。

注意：IdeaVR 中的 CSG 节点主要用在原型创作上，不支持 UV 贴图和 3D 多边形。

1. 基础功能

合并（Union）合并两个基础形状的部分，删除相交部分。

相交（Intersection）只保留相交的基础形状，删除其余部分。

扣除（Subtraction）从第一个形状减去第二个形状，留下一个带有其形状的凹痕。

2. 主要操作

网格编辑形状 CSG 模型物体属性编辑可进行平移、旋转和缩放属性调节，也可直接对长宽高和边数、锥体等参数进行调节，或在场景中，对模型形态进行编辑操作。

翻转面 反转面勾选后，模型将只保留内表面的面片显示，并始终保持内表面朝向摄像机。

布尔运算 当创建两个 CSG 模型时，将它们作为父子级放在一起时，可进行合并、相交、删减等操作。

阴影 选择物体后，可以改变它的投射阴影为接受或取消，如图所示，接受会有阴影出现，取消则没有阴影出现。

可见性 这个节点可以控制物体的显示或隐藏，主要应用在对这个属性制作关键帧，添加动画之后，可见节点后有关键帧的小钥匙按钮，可进行关键帧 K 帧。

专业版功能　以下 CSG 多边形、CSG 组合器为专业版 IdeaVR 所具备的功能。

3. CSG 多边形（CSGPolygon）

CSGPolygon 节点沿 2D（x，y 坐标）绘制的多边形按照深度方向、旋转、路径等方式进行拉伸。

O 深度（Depth）向后拉伸一定量；

O 旋转（Spin）在绕原点旋转时拉伸；

O 路径（Path）沿路径中的节点进行拉伸，该操作通常被称为"放样"。

警告：路径必须有路径节点，在路径模式下 CSGPoligon 才能按照路径拉伸。

定义网格　任何网格都能应用于 CSGMesh。网格可以在其他软件中建模并导入到 IdeaVR 中，支持多种材料，但在几何方面有部分限制：

O 必须是闭合网格；

O 不能是自相交；

O 不能包含内部面；

O 每条边只能存在于两个面中。

4. CSG 组合器（CSGCombiner）

CSG 组合器节点是一种用于组合其他节点的无形状节点，其只会组合子节点。CSG 组合器节点有两个子节点，编辑器右侧属性窗口，操作下拉框选择相交（Intersection），结果仍为组合情况。

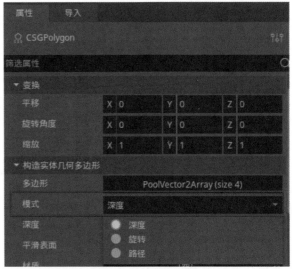

图 8-37 CSG 多边形

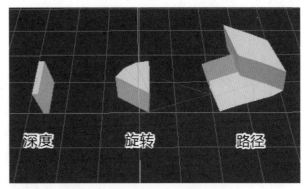

图 8-38 CSG 多边形

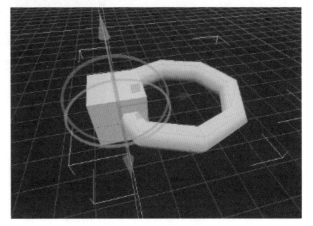

图 8-39 CSG 组合器

3 第三单元 中式展厅案例

本案例将综合前面的学习内容，包括 IdeaVR 编辑器的界面和基本操作，以及材质基础等，并结合中式展厅案例实际操练学习相关引擎用法。

1. 文件 > 打开项目

打开一个格式 .ideavr 后缀的项目基础文件。如图 8-40。

然后，将素材文件中的模型导入到场景里，进行编辑。

注：将外部文件导入到 IdeaVR 有三种操作方式。

第一种：将模型文件，或含有模型和贴图的文件夹直接拖曳到编辑器中。（目前引擎支持导入的模型格式为 .obj/.fbx/.dae/.gltfF/.glb）

第二种：创建模型文件

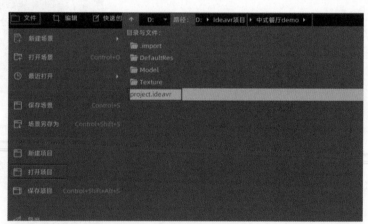

图 8-40 打开项目基础文件

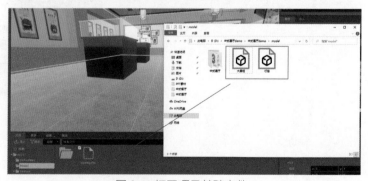

图 8-41 打开项目基础文件

夹，点击导入资源，在弹出的文件
夹中，选择路径，点击自己想要导
入的模型，单击打开。

第三种：在下方文件菜单空
白处右击鼠标，选择在文件管理器
中打开，并在弹出的文件夹中，将
自己的模型或资源放入该文件下。

图 8-42 创建模型文件夹后导入

2. 编辑模型位置

双击选中模型，点击移动快
捷键，将模型移动到相应位置。

3. 设置材质

双击选中模型，在属性面板中，选择材质 >
漫反射 > 纹理，赋予材质贴图。其他同理，最终
效果如图 8-45。

通过平移、旋转等基本操作摆放好模型位置。

图 8-43 在文件管理器中打开

4. 修改节点名称

选中灯笼节点，在场景树中鼠标右击节点，
选择重命名，按"回车"键，修改内容生效。

5. 复制灯笼

在管理器中
选中节点，点击
鼠标右键，拷贝，
复制六个灯笼，
并移动到相应的
位置。

图 8-44 编辑模型位置

6. 辉光材质

双击选中模
型，通过属性面
板中，材质 > 自
发光，开启自发
光，开启自发

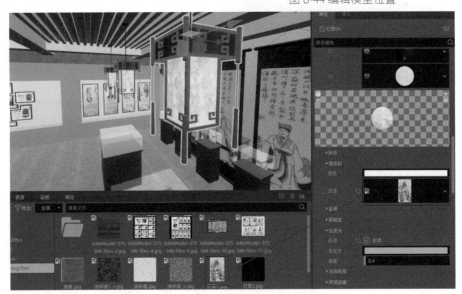

图 8-45 设置材质

光，调整自发光颜色和能量数值，效果如图8-46所示。

7. 导入展柜模型

导入模型 > 素材文件 >model，将素材文件中的模型导入场景中，进行场景编辑。

图 8-46 设置辉光

8. 玻璃材质

通过资源 > 材质库 > 玻璃 > 玻璃 _03，将玻璃材质直接拖到属性面板材质中，赋予模型玻璃材质，点击颜色，修改 Alpha 数值，改变玻璃透明度。

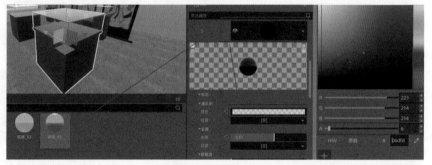

图 8-47 设置玻璃

9. 金属材质

通过与上述材质编辑相同的操作方法赋予展柜以金属材质，并调整金属度、粗糙度。

10. 设置地面

双击选中地面，赋予地面瓷砖材质，属性 > 材质 > 纹理，更改纹理贴图，调整 UV 缩放参数，同时可以调整瓷砖的纹理大小。

整个案例完成。

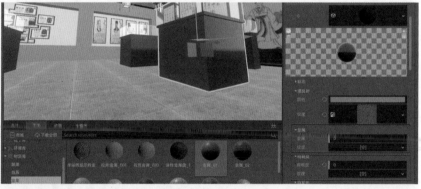

图 8-48 金属材质

图 8-49 设置地面

4 第四单元 资源商店与文件系统

通常，在进行 VR 内容创作时，需要使用大量的模型进行场景搭建，而模型创建与场景搭建的过程一般会占据大量的资源和时间。如此便会带来一个问题，那就是在创建虚拟现实内容的时候需要投入大量的人力和物力，来进行模型的创建与场景的搭建。

为了减少用户在模型与场景的创建上投入太多的时间与金钱，提高用户的创作效率，目前通过将主流建模软件创建的优质模型内容进行整合，并通过模型类别、适配行业等方向进行分类，形成内置资源商店及在线网站，用户只需要进行下载即可导入 IdeaVR 使用，基本解决了建模周期长、模型精度差等问题。同时，内置相应的环境、场景等资源，下载后即可为虚拟场景设置和更换环境或场景。

一、资源商店

资源商店是 IdeaVR 插件、脚本、工具和其他资源的存储库，用户可通过资源商店下载所需要的资源。

IdeaVR 提供两种打开资源商店的方式：用户可以从左边的快捷工具栏中打开，也可以从底部的资源选项卡中打开。现时提供的插件有动态天气、地形插件，以及地形装饰插件、幻灯片插件、海洋、视

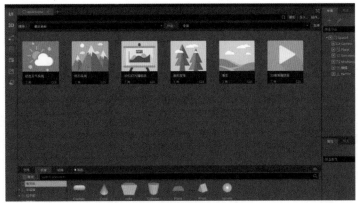

图 8-50 资源商店

频播放器，后续还将持续集成新的插件。

1. 资源商店功能预览

资源商店提供搜索与排序功能，若后续资源增多，可通过分类功能筛选所需要的资源类型，如有外部的资源插件需要导入项目，则可选择导入按钮进行外部 zip 形式的资源插件导入并使用。插件按钮主要用于对插件的启用与禁用，它是项目设置的一个快捷方式。

2. 资源的下载与激活

资源大多会存放在 IdeaVR
的服务器上，通过下载并载入到
我们的工程中就可以使用它，以
动态天气为例，具体的下载与载
入步骤如下：

单击动态天气插件进入动态
天气的描述页面，查看插件具体
的效果与注意事项，点击下载。

图 8-51 单击动态天气插件

在主窗体显示下载信息，当
下载完成时，显示完成字样，如失败，请点击重试，成功后则点击安装按钮。

点击安装按钮后会显示当前要安装插件的文件结构，一般默认全安装，若只想安装一小部分功能，请选择自己想安装的部分进行安装，点击安装会弹出安装进度条。

默认安装完成后，会弹出安装成功提示窗口，并自动激活插件。

在菜单栏中的快速创建找到对应的插件，点击即可预览到插件的效果。

注意：部分插件由于比较大，下载完导入时会有一些卡顿属于正常现象，请稍等一会儿。如发现插件没有注册成功，即快速创建中的插件不可使用，尝试手动去激活插件，具体方式为点击插件按钮，激活对应的插件。

3. 下载资源的使用

目前提供两种方式来使用下载的插件资源：一是如上文所述，在快速创建中选择已经下载的可用的插件；二是在创建节点窗口中找到插件导出的节点，并采用添加到节点树的方式使用插件。

4. 资源权限

商店的资源大都标有权限等级，只有相应的用户等级才能下载和使用对应权限的资源。目前的等级从高到低依次为：PRO、DEV、EXP，低等级的用户权限不能下载和使用高等级的资源，如果以低等级的用户登录，那么在高等级的资源下载页面下载按钮是灰色的不可点击的。

二、文件系统

当文件打开后会看到 IdeaVR 的编辑器界面，如前所述，界面的底部面板中就包含了：文件、资源、动画、输出等部分，文件界面负责访问和管理项目文件和资源。

文件窗口，主要有导入、筛选、搜索文件等功能。

1. 导入方式

为了更快地进行内容创作，IdeaVR 提供了比较多样导入资源的方式，支持直接拖入文件到编辑器或者拷贝到工程路径下，也可以通过导入按钮选择导入资源，导入压缩包选项，导入本地资源文件。

注意：三种导入外部文件的操作方法可以参考第三单元案例第一步的说明。

2. 资源格式

资源类型分为六大部分：模型、图片、视频、音频、幻灯片、字体。

在处理 3D 资源时，引擎具有灵活且可配置的导入器。引擎支持以下 3D 场景文件格式：FBX，引擎支持二进制格式和 ASCII 格式，特别说明，支持内嵌材质贴图，内嵌贴图会以贴图文件的格式存储在以 fbx 文件名 +fbm 的文件夹中。glTF 2.0，引擎完全支持文本和二进制格式。DAE（COLLADA），一种完全受支持的旧格式。OBJ（Wavefront）格式，也得到完全支持，但功能有限（不支持蒙皮动画等）。STL（stereolithography），引擎支持 ASCII 格式和二进制格式。建议使用上面列出的一些格式。只需将场景文件和纹理一起复制到项目存储库中，引擎便会完全导入。

从 Maya 和 3DS Max 导出 DAE 文件 Autodesk 在 Maya 和 3ds Max 中添加了内置的 COLLADA 支持，但默认情况下已损坏，因此不能使用。导出此格式的最佳方法是使用 OpenCollada 插件。尽管它们并非总是与最新版本的软件保持一致，但它们可以很好地工作。

从 Blender 导出 glTF 2.0 文件 有三种方法可以从 Blender 导出 glTF 文件。作为 glTF 二进制文件（glb 文件），嵌入的 glTF（gltf 文件）以及纹理（gltf + bin + 纹理）。glTF 二进制文件是三个选项中最小的一个。它们包括在 Blender 中设置的网格和纹理。当放入引擎中时，纹理将成为对象材质文件的一部分。glTF 嵌入式文件的功能与二进制文件相同。它们没有在引擎中提供额外的功能，也不应使用，因为它们的文件较大。将 glTF 与纹理分开使用有两个原因：一种是使场景描述具有基于文本的格式，而二进制数据则位于单独的二进制文件中。如果是查看基于文本的格式的更改，这对于版本控制很有用。第二个是需要将纹理文件与材质文件分开。如果不需要这些 glTF 二进制文件，如此就可以。

3. 资源路径

在导入文件之前，需要了解项目工程所在路径：res:// 所有导入的资源都会放到该路径下，我们也可以在该路径下新建文件夹存放自己导入的资源文件。以场景中较为常用的资源 fbx 文件导入流程为例，制作如下导入步骤。

4. 模型资源导入流程

（1）导入非压缩包资源

点击导入 > 导入资源，弹出打开文件面板，选择要导入的 fbx 文件，可选择本地盘符，找到资源文件夹，点击打开。在打开的文件中，可以选择所有我们支持的资源格式，选中导入到场景中，还可以筛选要导入的资源类型。点击打开按钮，在界面上跳出正在导入资源等进度条。资源导入完毕后，就可以在资源面版看到加载完成的资源文件。

（2）导入压缩包

引擎支持导入资源包的导入方式，选择需要导入的 zip 文件，点击打开。资源包的内容弹窗显示该资源包内的资源，左侧可拣选需要安装的资源，点击安装。然后在资源面板下，就可以看到我们导入的资源，双击后即可打开该资源。

三、导入设置面板

在导入资源之后，如果需要更改导入的资源，可以在导入一栏中设置相应的资源保存方式，点击重新导入。

注意：外部导入的资源如模型、图片、音视频等才有导入选项。引擎生成的材质等内部资源无须导入设置。

1. 模型导入设置

导入模型的预设类型有 10 种，分别为：

○ 导入独立材质：材质存储为 material 文件。

○ 导入独立物体：网格存储为 mesh 文件。

○ 与独立的动画一同导入：动画存储为 anim 文件。

○ 导入为独立的场景：节点存储为单个场景。

○ 导入独立物体 + 材质：材质存储为 material 文件 +mesh 文件。

图 8-52 模型导入设置

○ 导入独立物体 + 动画：网格存储为 mesh 文件 + 动画存储为 anim 文件。

○ 与独立的材质和动画一同导入：材质存储为 material 文件 +anim 文件。

○ 使用单独的对象 + 材质 + 动画导入：材质存储为 material 文件 + 网格存储为 mesh 文件 + 动画存储为 anim 文件。

○ 导入多个场景：实例化子场景。

○ 导入多个场景 + 材质：实例化子场景 + 材质存储为 material 文件。

2. 默认预设

我们可以自己设置场景的导入配置，加载默认。或者不想使用自己设置的默认值，点击清除默认 scene 就可以将 scene 的默认值清除，可以看到该面板被折叠。

3. 材质

材质可以存储的类型，分别为内置材质和 material 以及 resource 文件。当每一个材质被保存为文件资源后，修改也被保留下来。

4. 网格

网格可以存储的类型，分别为内置网格和 mesh 以及 resource 文件。每个 mesh 被保存为不同的文件，使用者可以直接处理 mesh。保存 mesh 只含有模型的顶点信息，不含贴图、动画等信息。

5. 外部文件

外部文件存储在子目录启用，可以将保存 material，以及 mesh 文件存放在以 fbx 文件名的新建文件中，便于资源的管理。

6. 动画

引擎提供了许多选项来处理动画数据，一些导出模型的软件（如 blender）可以生成许多动画到单个的文件中，其他的建模软件，例如 3DS MAX 或者 Maya，需要把许多动画文件放到相同的时间轴，或者把每一个动画单独存放在单个文件中。

导入时勾选导入动画的启用勾选，如果模型中含有动画将会生成 AnimationPlayer 节点，否则，即使文件中有动画也不会生成 AnimationPlayer 节点。可以将动画单独保存成一个资源，类型主要有 anim 文件和 resource 文件。当源文件改变时，可以保留动画的修改和合并。 动画导入不启用，则不会生成 animationplayer 节点。

帧率： 大多数 3D 导出格式都以秒而不是帧的形式存储动画时间轴。 为确保尽可能真实地导入动画，请指定用于编辑动画的每秒帧数， 否则可能会导致动画不稳定。

7. 灯光

灯光导入： 如果导入文件中有灯光节点，勾选该项，生成灯光节点。默认导入灯光节点。

8. 相机

相机导入： 如果导入文件中有相机节点，须勾选该项，才会生成相机节点。默认不导入相机节点。

9. 节点

此处为根节点的修改，由于不同建模软件的模型单位不同，导入模型大小不一，设置根节点大小可以整体缩放模型。在导入设置节点一栏中，存储类型为实例化子场景与单个场景有所不同，实例化子场景将隐藏除了根节点和 AnimationPlayer 节点的其他节点，自动保存为 RootNode.scene 的文件。

10. 图片导入设置

引擎支持的多种图片格式，支持常见的 png/jpg/tga/bmp 等格式的直接拖入编辑器导入或者拷贝到工程路径下。其中，受文件格式特性限制，dds 格式不支持从界面拖入，只能拷贝到工程路径下，或者从导入窗口导入该文件。

图片属性 引擎支持图片的预览图，选中查看的图片，点击属性一栏，可以看到图片的加载路径，这里加载的图片不再是 png 的图片，而是隐藏在 res: //import 文件夹中的对应 stex 文件。

更改导入参数 要更改引擎中资产的导入参数（导入参数仅在非本地引擎资源类型如 fbx/png/jpg/dds 中存在），请在文件系统停靠区中选择相关资源。然后，在调整参数后，点击"重新导入"。这些参数仅用于此资源的重新导入，也可以同时更改多个资产的导入参数。 只需在资源扩展中一起选择所有它们，然后在重新导入时，公开的参数将应用于所有它们。

自动重新导入 当源资源的 MD5 校验和更改时，引擎将自动重新导入它，并应用为该特定资源配置的预设。

生成的文件 导入将添加一个额外的 import 文件，其中包含导入配置。 确保将它们提交到你的版本控制系统！（额外的资产将在隐藏的 res：//import 文件夹中）如果此文件夹中存在的任何文件（或整个文件夹）被删除，则资产将自动重新导入。 因此，将此文件夹提交到版本控制系统是可选的。如在另一台计算机上登出时，可以缩短重新导入的时间，但是会占用更多的空间和传输时间。

更改导入资源类型 可以将某些源资产作为不同类型的资源导入。 为此，选择所需资源的相关类型，然后按"重新导入"。

更改默认导入参数 不同类型的游戏可能需要不同的默认值。 可以使用" 预设……"菜单来更改每个项目的默认值。 除了提供预设的某些资源类型外，还可以保存和清除默认设置。

11. 音频导入设置

引擎支持的文件包含三种音频数据的选项：WAV、Ogg Vorbis 和 MP3。每个都有不同的优势。

O WAV 文件使用原始数据或光压缩（IMA-ADPCM）。 它们在 CPU 上很轻便，可以播放（这种格式的数百个同时发声很好），缺点是它们占用大量的磁盘空间。

O Ogg Vorbis 文件使用更强的压缩率，从而可以减小文件大小，但需要更多的处理能力才能播放。

O MP3 文件的压缩比使用 IMA-ADPCM 的 WAV 压缩更好，但比 Ogg Vorbis 差。 这意味着与 Ogg Vorbis 大致相同质量的 MP3 文件将变大。 从好的方面来说，与 Ogg Vorbis 相比，MP3 播放所需的 CPU 使用更少。 这使 MP3 在 CPU 资源有限的移动和 HTML5 项目中比较有用，尤其是在同时播放多个压缩声音（例如较长的环境声音）时。

一般而言，将 WAV 用于短而重复的声音效果，将 Ogg Vorbis 用于音乐、语音和长声音效果。

音频裁剪 经常发生的一个问题 是，波形在开始和结束时都会长时间无输出。当保存到波形时，它们由 DAW 插入，增加了它们的大小，并增加了回放时的延迟。 启用"音频裁剪"选项时导入为 WAV 即可解决此问题。

循环播放 引擎支持样本中的循环（Sound Forge 或 Audition 等工具可以将循环点添加到 WAV 文件中）。 这对于声音效果（如引擎和机枪等）非常有用。 或者导入扩展具有"循环"选项，可以在导入时对整个样品进行循环。

5 第五单元　场景、模型和相机

一、节点、场景和场景树

1. 节点

节点是创建内容的基本构成。引擎中有许多种节点，每个节点类型可以执行特定的功能，如有的可以播放声音，有的可以显示图像，有的显示 3D 模型等。

任何节点都具有如下统一属性：〇 具备节点名称；〇 可以编辑各种属性；〇 可以持有子节点；〇 可以作为子节点添加到其他节点；〇 可以接收回调方法；〇 可以扩展出更多功能。

我们可以点击场景树上方的"＋"来创建一个新的节点，也可以在一个节点上右键 / 点击创建一个新的节点。另外，还可以通过顶部的快捷工具栏以及右键菜单来对节点的属性，以及显示进行操作。例如：我们可以点击工具栏右上角图标展开折叠场景树中的节点；可以选中节点右键选择展开折叠当前节点。

提示：节点与节点之间存在父子关系，假如我们在一个节点上创建一个新的节点，那么新创建的节点是原节点的子节点，原有的那个节点是新节点的父节点，二者是父子关系。父节点的某些属性会影响到子节点，如在 Spatial 类型的节点上创建一个新的节点，那么该节点的初始位置会在其父节点的位置。当父节点隐藏时会导致其子节点跟着隐藏。

2. 节点工具

对于特殊的节点，会出现一些针对该节点的操作菜单栏，如 MeshInstance、地形、粒子节点等。它们出现在 3D 主视口的右上角，如下面介绍选中的 mesh 节点。

图 8-53 节点工具 / 网格

如果选中了 mesh 节点，即节点前面的 icon 为 的节点，则 3D 工作区右上角还会出现

网格按钮。网格中包含了：创建三角网格静态实体、创建三角网格碰撞同级、创建单一凸碰撞同级、创建多个凸碰撞同级、创建导航网格、创建轮廓网格、查看 UV1、查看 UV2、为光照映射 / 环境光遮蔽展开 UV2 等功能。

图 8-54 创建三角网格碰撞同级

创建三角网格静态实体 点击该按钮后，可以依据所选择的节点创建出三角网格静态实体。

创建三角网格碰撞同级 点击该按钮，可以依据所选择的节点创建出外形等同的碰撞体，该碰撞体出现在世界坐标原点。

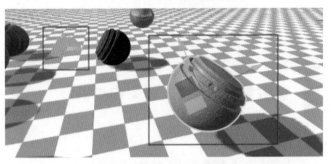

图 8-55 创建单一凸碰撞同级

创建单一凸碰撞同级 使用 Quickhull 算法创建一个具有自动生成的凸形碰撞形状的 CollisionShape 节点，由于它仅生成单个形状，因此具有良好的性能，非常适合小型物体。

创建多个凸碰撞同级 使用 V-HACD 算法，创建几个 CollisionShape 节点，每个节点都具有凸形。由于它会生成多种形状，因此以性能为代价更适合凹入物体。对于中等复杂度的对象，其可能比使用单个凹形碰撞形状更快。

图 8-56 创建多个凸碰撞同级

创建导航网格 创建该网格时必须作为 Navigation 节点的子节点来使用。

创建轮廓网格 点击该按钮会根据所选节点轮廓创建一个 MeshInstance 节点。

查看 UV1 和**查看 UV2** 点击后可以查看两个 UV 贴图。如果该层级上没有 UV 贴图，则会出现提示框。

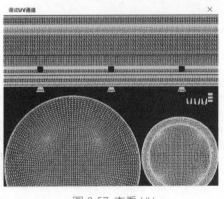

图 8-57 查看 UV

图 8-58 提示信息

为光照映射 / 环境光遮蔽展开 UV2 点击该按钮展开 UV2，如果不存在则出现提示框。

3. 场景

通过在一个节点上添加一个子节点的操作，我们可以将节点与节点之间排成树状结构。在若干次的节点组织后，我们可以得到一个场景，场景文件后缀为 .scene。该场景包含了一个树状的节点集合。一个项目中可以有很多个场景，在运行时，我们需要定义一个主场景，主场景只有一个。主场景是项目运行时的那个场景，我们可以在 编辑 > 项目设置中设置主场景。

4. 场景树

场景树是引擎为底层提供的主循环。在项目运行时会自动实例化并设置，不需要任何额外的操作。场景树有很重要的作用：

O 包含一个根视图。当一个场景添加到场景树中时，会把这个场景添加到根视图中作为其子级；

O 包含编组信息，具有组相关的方法；

O 包含一些全局状态功能。

运行时可以查看远程的节点树。

提示：可以实例化的除了 .scene 文件还有一些可以当成场景的文件，如 fbx 和 gltf 等。

注意：一个场景被实例化为多个节点，如果修改这个原场景，实例化后的节点也会被修改。此外，对于实例化后的节点，修改其中的一个节点，不会改变原场景。

实例化子场景便利我们做项目：

O 可以细分场景，便于管理；

O 同时管理编辑多个节点实例；

O 组织、嵌入复杂项目和 UI。

对于实例化子场景之后生成的节点，右击该节点会多出如下选项：

子节点可编辑 功能可以将该实例化的节点展开，能够看到并编辑该场景下的子节点。展开的子节点颜色会比较淡一点。在这里修改展开的子节点的属性，只会在该场景中起作用，其他未修改的属性相当于原场景的引用。修改原场景中的属性，如果实例化的节点的子节点并没有被修改则会受到原场景的影响。

加载为占位符 功能主要适用于大场景。选项打开后，运行项目时该场景节点会被一个占位符取代，只有调用 replace_by_instance 方法后才会加载实际的场景。

使用本地功能 与子节点可编辑功能类似，但有本质上的区别。其展开的子节点颜色正常。使用本地功能会将原场景中的节点树复制一份到新的场景中，而不是引用。

在编辑器中打开 功能是指打开这个场景文件。我们可以看到场景实例化来的节点旁边会有一个类似放映的图标，点击可以打开原场景文件。这两个的功能是一致的。

5. 从场景中合并

右击节点，会出现一个 从场景中合并的选项，点击它可以选中其他场景文件中的一些节点，点击确认后复制一份到当前节点的子节点位置。点击从场景中合并 / 选择场景文件 / 选择要合并的节点。结果是，两个被选中的节点都出现在当前场景中。

6. 将分支保存为场景

将分支保存为场景功能与实例化子场景互为相反操作。如果场景树太复杂，可以使用此功能将部分节点树拆分出去。此外，如果有部分子树可以独立出来供复用，可以使用该功能。

7. 信号和 Groups

选中某个节点之后，点击场景旁边的节点选项，我们可以看到两大内容，一是信号，二是 Groups。

（1） 信号

节点会有一些通过引擎做好的信号，可以在信号触发后实现某些功能，即信号的回调函数。这里我们点击节点 A，右击它的某个信号，点击连接信号，选择一个具有脚本的节点 B，编辑连接方法，点击确认，就会在节点 B 的脚本中看到刚刚定义的接收方法。上述操作完成后，当节点 A 触发我们选择的信号后会执行节点 B 脚本里的对应回调方法。

当我们不想在信号触发后采用之前的方法时，可以点击取消连接，这样信号触发后就不会再调用之前设置的回调方法。

（2） Groups

Groups 是基于场景树的节点组集合。将某些节点添加到相同组名的 group 里，就可以通过节点树获取到该组中的所有节点。它提供了一种节点组织方式，如我们想将节点移出某个组时，可以点击组名右侧的删除标识。

一个节点可以同时加入到多个 group 中。

二、多场景管理

1. 三种新建场景模板的区别和用途

引擎提供了三种新建场景模板，分别是：3D 场景、2D 场景和空场景。

（1） 3D 场景

3D 场景是引擎预设的一个场景，在这个场景中有四个节点，分别是 Spatial 节点、MainCamera 节点、Plane 节点和 DirectionalLight 节点。Spatial 节点是场景的根节点。MainCamera 节点是一个相机类型的节点，引擎给该节点添加了一个脚本，用来实现相机的自由移动。Plane 是一个 MeshInstance 类型的节点，即下方的棋盘格。DirectionalLight 节点是一个平行光节点，给场景以光照。该场景提供了一些基础的节点，可以基于该场景继续创作。

（2） 2D 场景

2D 场景是用来制作 UI 的场景。引擎预设了两个节点，分别是 Control 和 Button 节点。其他的 2D UI 节点需要项目开发者自己制作。

（3） 空场景

空场景是一个 3D 的空场景。这个场景中只有一个 Spatial 节点，我们可以在该场景下尽情创作。

2. 场景拆分原则

（1）基本原则

在项目中，组织场景要考虑的最为重要的一件事是保持具有焦点的，单一用途的场景及其脚本，并与项目中的其他部分降低耦合。这样可以使每个对象尽量的小，并提高其可复用性。通常，要尽量设计低依赖甚至没有依赖的场景。

（2）脚本功能管理

在一个场景中，根节点应当具有与外部通讯所需的全部接口。最好的访问方式是通过实例化后的场景节点上暴露出的接口访问，而不必关注其内部的节点组成和脚本。每一个场景最好都是由根节点来协调各子节点之间的通信和引用，相互的节点之间应该只能知道它们自己的层次结构，而不必了解其他的存在。

（3）资源管理

项目里各类场景的存放位置需要注意，一类场景或者资源最好放在同一个目录下，并按照各个场景的职能组成树状结构保存。

3. 多人开发如何进行项目管理

开发一个大型项目，必然需要一个相互协作的团队。团队中的人应各司其职，通力协作，才能最有效率的做好项目。

（1）管理工具

在多人开发的项目中，需要一个管理的工具。例如，使用 git 或者 svn。通过这类工具能够十分方便的查阅历史代码，实现协同开发。

（2）需求，设计与开发

项目开发需要一个主程，负责整个项目的统筹。主程需要设计整个项目的架构，将需求转化为具体的功能设计。例如，某块功能要实现什么样的功能，要提供哪些接口，这些都需要设计好，同时提供一份明确的需求文档。此外，开发文档和主要代码的注释是要输出的，而负责功能模块的开发者要针对需求文档输出一份描述具体实现的文档，并与相关人员评审讨论。敲定下方案后，就要按照方案进行内容开发。若遇到未预料的错误或者困难，应该及时沟通和解决。

（3）测试与总结

功能开发完成后，需要进行自测试，修复 bug 或者优化代码。处理结束后，输出开发文档，供其他人阅读。最后，分享和总结可以绕过许多弯路，写得好的地方或者遇到问题都可以分享给其他开发者。一般可以固定频率进行分享，例如一周一次。

三、模型导入与编辑

在 IdeaVR2021 中，我们新增了导入模型的方法，以及对模型的新的操作形式。下面讲解三种模型导入方式、模型导入异常处理方案。

1. 三种模型导入方式

IdeaVR2021 提供了三种导入外部文件的方式，具体操作可以参考第八章第三单元案例第一步的操作方法。

2. 模型导入异常处理方案

当导入 Fbx 模型时出现模型导入失败的提示，或导入的模型出现不完整时，可以选择该模型文件，在导入选项中找到 Fbx 导入选项，然后勾选启用 FbxSDK，点击重新导入来解决这个问题。

提示：第一次导入若贴图未自动赋上，请删除自动生成的材质球，勾选 FBX 选项后重新导入模型。

四、模型场景编辑

1. 查看或编辑模型

当我们双击打开模型时，直接打开模型场景，仅用于查看资源。修改后保存，会出现提示："当前查看模型为只读文件，是否将修改保存为新场景？"确定后可将其保存为新场景。

提示：由于模型资源是外部导入，引擎无法修改原始文件，因此我们可以选择新建继承对其进行修改，或者不修改，选择仍然打开按钮，查看模型。

（1）模型的网格信息

当我们打开一个场景或模型后，它的场景树结构通常在界面右侧，不同的节点类型代表网格、动画、骨骼等不同的信息。

◯ Spatial 空间节点，具有三维坐标信息，一般用作三维场景的根节点。

◼ MeshInstance 网格实例节点，包含模型的网格信息。当选择该节点时，会在属性栏显示模型相应的变换数值、网格信息、材质信息等属性。

（2）带有动画信息的模型

当我们导入一个带有动画属性的模型时，在场景树结构中，会看到这个模型下方挂载着一个动画编辑器，点击这个动画编辑器节点，即可弹出与这个模型相对应的动画关键帧调节窗口，以便用户做调整和预览。

（3）带有骨骼信息的模型

当我们导入一个带有绑定好骨骼的模型时，在场景树结构中，会看到场景中的节点图标呈现一个小骨骼的样式 ☠ ，说明这个节点是带有骨骼信息的，当点击骨骼节点时，会在模型的属性菜单栏中，看到一个选中编辑骨骼，展开可以编辑每个 bone 的变换属性。

2. 场景中引用模型

（1）引用子场景

引用子场景的两种方法：第一，选中场景中的目标节点后，拖入下方文件栏中的模型到主视口或节点树上的模型节点，即可引用该模型。第二，右击场景节点树上的模型，先选择实例化子场景，然后选择需要添加的模型即可引用该模型到场景中。

（2）编辑子场景

当我们导入一个模型进入场景时，会看到这个模型后方带有一个小图标 ▶ ，说明这个模型作为一个引用场景，是不可更改材质等属性的，如果想要更改这个模型的细节，则有两种操作办法：

一是点击模型后方的图标 打开查看或编辑。二是在节点树上对子场景右击操作，可看到子场景编辑选项：

O 勾选 **加载为占位符**，一般在运行时动态加载子场景资源，主要应用于较大的子场景，可提升编辑主场景时的引擎性能。

O 点击 **使用本地**，将模型以及其子节点实例化到当前场景中，不再受子场景影响。

O 勾选 **子节点可编辑**，即可在当前场景下展开子场景节点进行编辑。可更改模型的材质，位移、缩放、旋转等属性。

注意：当我们选择这个模型下的子节点时，会看到属性变成了红色字体，说明当前为继承属性，仍受子场景影响。若修改将覆盖继承属性，信息将保存在主场景。

五、网格实例节点（MeshInstance）

网格实例节点（MeshInstance）是 IdeaVR 2021 最基础的节点类型之一，是模型网格数据在场景中的载体。用户也可新建空的网格实例节点，自定义方块、球形、圆柱体、面片等基础形状。

1. 节点属性

当用户导入一个模型或者创建好一个 MeshInstance 时，点击该模型，可以看到在右侧下方出现 MeshInstance 节点属性。下面讲解这些节点的属性。

变换： 所有空间节点都具备的属性。在这个菜单栏中，可以对物体进行平移、旋转、缩放的操作。在这个菜单栏中输入数值，或在场景中直接进行平移、旋转、缩放即可。

网格： 对于场景中建立的 MeshInstance，不同的形态下有对应不同的参数，如胶囊体下是模型半径，以及中心点高度和封端数等参数。

自定义 AABB： 自定义包围盒用于相机的视锥体剔除计算，在使用 shader 偏移顶点时避免意外剔除用处较大，其中 x、y、z 表示位置，w、h、d 表示尺寸。

图 8-59 节点属性

材质： 在这个区域可以调整物体表面反照率、金属度、粗糙度、自发光、法线贴图、环境遮蔽、UV，以及标志等常用属性。本区域在下一章节详细讲解。

阴影： 继承自几何实例类的属性，可以设置该物体接受投射阴影的模式。

可见性： 继承自空间节点的属性，用于控制物体的显隐，常应用于交互编辑器，或动画系统的关键帧制作。

多人协同： 这个属性主要针对于多人协同的同步状态，可以进行开启和关闭，但是需要注意的是，在启用这个多人协同之前，必须先在交互编辑器中开启多人系统交互。

2. 节点工具

节点工具是用来管理场景对象的工具，具体操作可见 75 页第一节之第 2 点，节点工具，所描述的方法。

六、相机控制

1. 主相机

（1）相机属性

无论在场景中放置了多少物体、对象，除非将相机也添加到场景中，否则运行项目将不会显示任何内容！在此，我们在场景中预置了一个相机节点"MainCamera"，它是运行项目后的主相机。当然，我们也可以添加新的相机。

请先选中场景树中的 MainCamera 节点，然后将目光移至下方的属性栏窗口。于是，相机的属性就呈现在我们眼前。

O 剔除遮罩：是决定场景中哪个 3D 渲染层会被此相机渲染的属性，即我们的相机会看见哪个场景中的物体。我们可以试着取消勾选层 1（或点击第一个方块），然后使用快捷键 F6 运行正在编辑的场景，我们就会发现原本场景有的对象就不能被相机看到了，这是因为我们的物体默认都是置于渲染层 1 的。

O 环境：是设置相机视角下能实现的环境球效果。其中环境属性下新建环境后的各个参数与环境节点 中所包含的属性是相同的。

提示：详细的环境属性的各个参数如何设置，可以参考后续章节。

现在尝试在我们相机节点的环境属性中，新建一个环境，然后试着更改"背景 → 模式"。运行我们的场景，关注各个模式下，相机渲染实现的效果。

O 水平偏移：设置相机视口的垂直偏移分量。

O 垂直偏移：设置相机视口的水平偏移分量，我们可以尝试着改变这两个属性值，然后运行场景，可以看到相机的位置会有所改变。

O 多普勒跟踪：此相机将针对在特定的方法中更改的对象模拟多普勒效应。

O 当前的：此属性用于判断，视口是否使用当前的相机。如果场景中使用了多个位置的相机，那么我们就可以通过这个属性的启用与否知道，当前视口在运行后使用的是哪个相机。

O 视场：此为相机的视场角（以度为单位）。该属性可用于调整相机所能看到的视角的大小，默认值为 70。

O 近截面：相机视口所能看到的最近物体的距离。

O 远截面：相机视口所能看到的最远物体的距离。

O 透视：相机视口中的物体的大小，一般会随着它们距离相机中的距离变化，距离相机越远，它们在相机视口中的大小就会越小。

O 正交：相机视口中的物体的大小不随它们距离相机的远近变化。

O 锥台：相机的锥台投影。此模式下允许调整锥台偏移来创建"倾斜的视锥"效果。

（2）相机预览

当我们在编辑器中摆放好了相机的位置，同时想要预览从相机视角下看到的场景是什么样子的时候，就会用到相机预览 的功能。 IdeaVR 提供两处切换 相机预览 的入口：一是在视口左上角中进行相机视角的切换；二是在相机视口中的显示下拉列表中选择效果预览进行相机效果的预览。

2. 快速创建（相机）

下面介绍在快速创建菜单中提供的几个相机节点。

（1） 空相机

一个普通的相机节点。

（2） 飞行相机

挂载一个飞行控制脚本，并支持 WASD 控制的移动相机。

（3） 第一人称相机

模拟第一人称视角的相机，与第一人称项目模板中的相机相同。

（4） 第三人称相机

模拟第三人称视角的相机，与第三人称项目模板中的相机相同。

3. 第一人称漫游

下面介绍以第一人称漫游为模板创建一个 3D 场景的方法，并且讲解第一人称漫游项目中相机的使用。

（1） 以第一人称漫游模板新建项目

首先，我们回到项目管理器，选择新建页，这里以第一人称漫游为模板新建项目工程。可以任意选择模板场景新建项目工程，但此处建议为第一人称漫游新建项目工程。 当我们选择好项目工程所在的路径，确定好项目模板并命名工程名后，点击创建并编辑，正式开启相机运用的学习。

第一人称漫游模板，提供了以第一人称为视角的漫游操作，其基本操作为 WASD（键盘按键）实现控制相机的前、后、左、右的移动。 空格实现弹跳，鼠标右击实现相机视角移动。

整个场景的场景树结构其实很简单，Mansion 节点代表着整个场景的背景，即花园。WorldEnvironment 节点代表这个天空球效果。DirectionalLight 代表着场景中的灯光，环境光。Player 即整个第一人称漫游场景的核心，人物的模拟漫游是相机主要运用的地方。

点击 Player 节点右侧的场景图标，即可进入 Player 节点的场景。

注意：场景引用，可以让场景树结构显得清晰，且对其进行更改时也不会受到场景中其他事物的影响，同时也便于我们管理场景。

在此场景中，可以发现，我们只有一个相机和一个碰撞体节点，这两个节点都放置于 KinematicBody 节点下。

运动实体（KinematicBody）节点类型 ，是一种特殊类型的实体，它能够被用户控制，但不受物理系统的影响。 我们可以创建一个相机放置于运动实体节点下，并且调节相机的位置，来模拟人眼的位置。接着，生成一个碰撞体，并且选择碰撞体的形状为 Capsule 胶囊类型。碰撞体形状之所以为胶囊类型，是因为胶囊类型可以形似人体，因而可以模拟出最为真实的第一人称漫游体验。

为什么要生成碰撞体？

因为只有碰撞体才能让我们知道场景中物体与物体之间是如何相交、接触的，也能避免相机穿透模型的情况发生。

至此，我们已经完成了人物漫游的基本形态，接下来只需编写相机的交互。因为我们已经在场景中预置了第一人称交互的交互脚本，并且挂载于 Player 节点上。

提示：可以将我们所提供的交互脚本挂载至 同一工程的其他场景中进行使用，也可以将其拷贝至其他项目，并运用上述制作 Player 节点的方法，我们可以非常轻松实现一个以第一人称漫游的场景。

4. 第三人称漫游

以第三人称漫游项目模板为基础，下面介绍使用相机节点在第三人称下的操作。

首先回到项目管理器，选择新建页，然后以第三人称漫游为模板新建项目工程。当我们选择好项目工程所在的路径，确定好项目模板并命名工程名后，点击创建并编辑，正式开启第三人称下相机运用的学习。

进入场景后，我们可以看到，第三人称与第一人称的相机的场景树结构都没有什么大的区别，都是挂载于运动实体节点类型下。

我们可以看到在 Player 节点下（KinematicBody

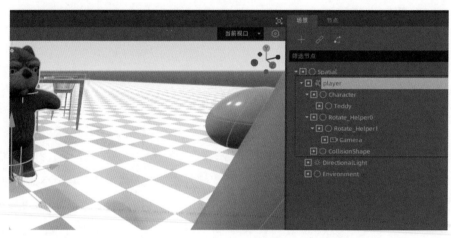

图 8-60 第三人称漫游

类型）有一个 Character 节点，这个 Character 节点将代表我们放置在场景中的模型的父节点。

第三人称的一般运用一个人物模型，相机的位置也作了调整，放置到人物的后方。碰撞体大都采用了 Capsule 胶囊类型。如 8-61 图中蓝框与绿圈的框选所示，我们将引用模型的根节点放置到了 Character 节点下。此后选中 Player 节点，就可以看到属性列表中多了两个属性：

O MaxSpeed：人物模型行走的最大速度。

O Person：用于绑定所引用的模型的根节点，便于我们实现以第三人称的方式控制该模型。将 Person 属性，绑定到我们想要控制模型的根节点，如图 8-61 中就是 Teddy 。

我们可以在 Character 节点下放置资源库中为我们提供的任意一个人物模型。先将资源库中的模型拖入场景，随后将其根节点拖到 character 下即可。如此，我们可以实现第三人称控制人物行走的效果。具体操作可按如下步骤：

○ 首先从资源库中拖入一个人物模型；

○ 随后调整人物模型的位置，大小缩放，以贴合碰撞体；

○ 之后将人物模型的根节点，拖至 Character 节点下；

○ 通过选中 Player 节点，将 Person 属性绑定到人物模型的根节点；

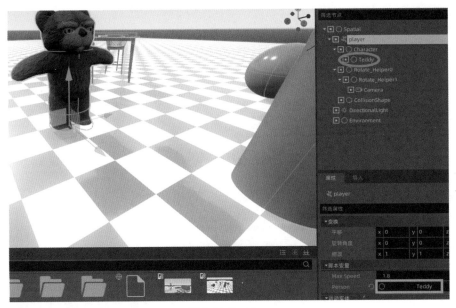

图 8-61 Teddy

○ 然后就可以第三人称的方式控制该人物模型了。

提示：可以从场景中看到，在放置完人物模型后，适当调整人物的大小缩放，以及位置，主要是为了与碰撞体相匹配，我们可以根据实际情况自行调整，以达到更好的控制效果。

第三人称的交互操作，与第一人称类似。其提供了以第三人称为视角的漫游操作，基本操作是用键盘按键 W、S、A、D 实现控制相机的前、后、左、右的移动。空格实现弹跳，鼠标右击实现相机视角移动。

提示：可以将我们所提供的交互脚本挂载至同一工程内创建的其他场景中进行使用，也可以直接使用快速创建中的第三人称相机实现相同操作。

第九章
IdeaVR 2021 引擎（下）

1 第一单元　物理与特效

在 IdeaVR 中，加入了物理引擎应用系统（模仿真实世界的物理状态），赋予虚拟场景中的物体物理属性，可以让场景中的物体符合现实世界中的物理规律。

一、灯光和阴影

IdeaVR2021 灯光模块拥有便捷的使用方式和不错的效果，但是需要先阅读手册。了解灯光的具体使用方式和一些注意事项。

1. 光源类型

灯光节点：可以快速创建的光源，包括定向光源、点光源和聚光灯等。

天空光和环境光：通过世界环境节点编辑。

烘焙光：通过烘焙得到的光源。

2. 灯光节点

创建灯光。点击快速 **创建 > 光** 可以看到三种光源类型，点击后可在场景中创建对应的

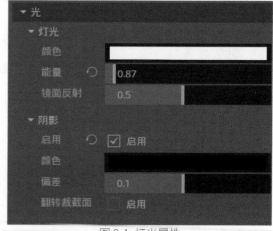

图 9-1 灯光属性

光源。

基本属性，是三种光源类型都具有的属性，并且每个都有一个特定的功能：

（1）灯光

颜色：发射光的基本颜色。

能量：光源的亮度。

镜面反射：影响受此光影响的对象中镜面反射的强度。该数值为零时，光源变为纯漫射光。

（2）阴影

默认已启用：选中此选项可启用阴影贴图。

颜色：可以修改阴影的颜色。

偏差：当光源距离被照射物体较远时，可以调整此参数修正阴影偏差。

翻转裁截面：当勾选此选项时，某些场景效果更好。

3. 定向光

这是最常见的光类型，代表很远的光源（如太阳），它也是相对来说性能最高的光源，如果有光照的需求应尽可能地使用它（尽管它的阴影性能不是最高）。

定向光可以模拟覆盖整个场景的无数条平行光线，定向光节点由大箭头表示，该大箭头指示光线的方向。另外，定向光本身节点的位置完全不影响照明。只有旋转会影响场景中模型的亮面和暗面。

被定向光光线照射到的部分为亮面，照射不到的地方为暗面。如果地面上的阴影要显示，需要勾选阴影 > 已启用选项。

4. 全向光（点光源）

全向光其实就是点光源，点光源是 3D 软件中常用的光源之一，其可以想象成是一个球形的光源，从球心往四周放射光线。

它的效果主要是由范围和衰减这两个参数来控制。范围是用来控制全向光的灯光影响范围，衰减可以想象成光线从圆心到四周强度的减弱过程。

5. 聚光灯

聚光灯是带有方向和范围的灯，可以把它想象成一个圆锥体光源。它可以用来模拟手电筒、

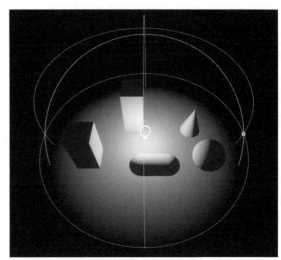

图 9-2 全向光（点光源）

汽车车灯、路灯等等灯光。聚光灯的范围主要是通过调整圆锥的底面积和高度来实现。聚光灯的衰减有两种不同的方式。聚光灯的参数与全向光很像，但新增了角度上的范围和衰减。

- ○ 范围：光锥的高度；
- ○ 衰减：光线从顶点到地面的衰减；
- ○ 角度：聚光灯打开的角度；
- ○ 点角度衰减：从地面中心到四周的衰减。

二、烘焙

如果渲染想达到如现实般逼真的效果，往往需要十分"昂贵"的计算（如影视里的一些特效），整个场景渲染一帧要几分钟，甚至几小时，效果越好，计算量就越大，效果也越逼真，但只能是离线渲染。对于现今硬件来说实时渲染（至少每秒 30 帧）是不可能做到的，但是我们换个思路能不能把先离线渲染出来的结果保存下来，直接将一张纹理往模型上贴，这样根本不需要任何光照计算就能到达离线渲染的效果，这就是烘焙，在手机等移动端上效果特别显著。

但是其缺点也是显而易见，用于烘焙的灯光不能动，所有烘焙通常只用于一些固定不动的光源。

详细的烘焙操作方法参考 *IdeaVR2021 在线用户手册 / 物理与特效 /3D 灯光和阴影 / 烘焙 中的相关内容：http://ideavr.top/avatar/help/11_1.%E5%85%89%E7%85%A7%E7%B3%BB%E7%BB%9F/#_8*

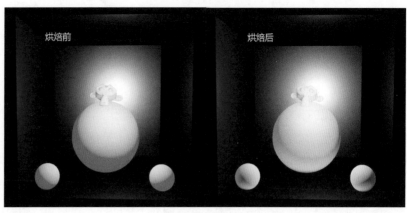

图 9-3 烘焙效果

三、粒子系统

粒子系统在游戏影视行业有着广泛的应用，主要用来制作各种常见的特效。例如：雨、雪、火、爆炸、水花、落叶等都可以使用粒子系统快速实现。IdeaVR2021 的粒子系统就是 Particle 和 CPUParticle。

Particle 是基于 GPU 的 3D 粒子发射器，用于创建各种粒子系统和效果的 3D 粒子节点。Particles 具有发射器，该发射器以给定的速率生成一定数量的粒子。

注意：Particles 仅在使用 GLES3 渲染器 (效果优先) 时有效。如果使用 GLES2 渲染器 (性能优先)，请改用 CPUParticles。

CPUParticle 基于 CPU 的 3D 粒子节点用于创建各种粒子系统和效果。

CPUParticle 提供了与硬件加速相同的功能，但可能无法在较旧的设备上运行。但是如果需要在 Html5 模型下运行，就只能使用此粒子。

注意：CPUParticle 与 Particle 不同，可见包围盒是即时生成的，不需要用户另外配置。

1.（Particle）GPU 粒子系统属性说明

发射 勾选启用之后，粒子效果开始发射。

数量 设置发射粒子的数量。

注意：更改数量将重置粒子发射，因此请在更改数量之前清除所有已经发射的粒子。

时间 生命周期：每个粒子存在的时间 (以秒为单位)。 执行一次：启用之后，该粒子只会发射一次，生命周期结束之后自动结束发射。 速度比：控制粒子整体发射速率的值，值为 0 时可以用于暂停粒子运动。 随机性：让粒子发射的结果更加的随机。

绘制 注意：在"粒子"节点上工作后，记得先设定正确的粒子可见包围盒范围。否则，根据相机的位置和角度，粒子可能会突然消失。

处理材质 用于处理颗粒的材料。可以是 ParticlesMaterial 或 ShaderMaterial。

发射形状：可以让粒子以多种不同的形状发射，形状类型包括（点，Sphere，平角，点，Directed Points）。

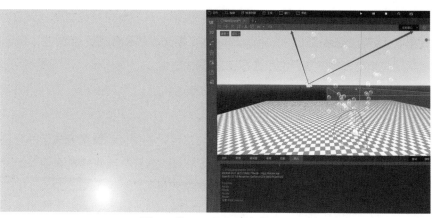

图 9-4 粒子可见包围盒范围

朝向 朝向：粒子运动的方向。扩散度：粒子向着朝向方向运动时的扩散程度。平整度：控制粒子发射的平整程度，当值为 1 时，粒子会沿着直线移动。

重力：相当于给每个粒子加了一个有方向的重力。

初始速度 速度：该速度值为粒子刚开始发射时的速度。速度随机率：用来控制每个粒子初始速度的随机性。

线性加速度 加速度：该值为粒子线性方向加速度值。加速度随机比：用来控制每个粒子线性方向加速度的随机性。加速度曲线：用一条曲线来控制粒子线性方向的加速度。

缩放 缩放：该值为控制粒子大小的缩放值。缩放随机率：用来控制每个粒子缩放大小的随机性。缩放曲线：用一条曲线来控制粒子在生命周期内的缩放。

颜色 颜色：该值为每个粒子的颜色值。颜色渐变：可以用一张渐变贴图来让粒子在生命周期内根据贴图来变化颜色。

动画 速度：该值控制粒子序列帧播放的速度。速度随机率：给粒子序列帧播放速度一个随机值。速度曲线：通过一条曲线来控制粒子序列帧播放速度。偏移：给粒子序列帧动画一个偏移值。偏移随机率：给粒子序列帧动画一个随机的偏移值。偏移曲线：可以用一根曲线来控制粒子在生命周期内的动画偏移值。

时间 生命周期随机性：该值用来为粒子生成一个随机的生命周期。

绘制通道 通道 1: 用来选择每个粒子的网格。

绘制材质 每个粒子的材质。可以是 SpatialMaterial 或 ShaderMaterial。

2. CPU 粒子系统属性与设置与 Particle 大致相同。

总结： 目前在 IdeaVR2021 中还是推荐大家使用 Particle，如果没有打包 H5 版本的特殊需求，尽量不要使用 CPUParticle。因为使用 CPUParticle 会产生大量的性能损耗，正常情况下应该尽量避免使用。

四、环境与后处理

IdeaVR 2021 的环境是一种资源类型，常用于 WorldEnvironment 和 Camera 节点。我们可以在环境资源中设置画面背景和很多后处理效果。环境背景可设置背景天空、环境光、雾和景深模糊效果。后处理包括 SSR、SSAO、Bloom、发光、色彩校正、色调图、自动曝光模式。它们本身都是默认关闭的，需要我们主动去开启它们。

1. 创建环境

（1）快速创建全景天空

通过快速创建 > 环境 > 全景天空添加，可以看到环境背景变成了一张蓝色天空的全景图，同时场景树中增加了一个 WorldEnvironment 节点。展开节点属性可看到当前背景模式为天空，点击天空资源能看到当前引用的全景图片。

（2）利用环境库

IdeaVR2021 提供了非常丰富的环境库，其中有相当多的全景天空素材可供用户选择使用。具体的使用方式是选择"资源 > 环境库"，通过这样的选择之后，就可以看到里面出现了很多素材。点击素材的下载按钮，等待下载完毕。将素材拖到场景中即可快速开始使用。

（3）世界环境或相机节点

环境另外还有两种不同的添加方式，分别在世界环境节点或相机节点的属性面板上作为资源加载。

世界环境节点 通过新建节点搜索 WorldEnvironment 创建世界环境节点，然后在属性面板中可新建环境或加载环境资源。

提示：可以将 WorldEnvironment 节点添加到任何场景，但是每个活动场景中只能存在一个。添加多个将导致警告。

相机节点 在相机节点的属性面板中，环境一栏可新建环境或加载环境资源。

提示：相机上设置的环境将覆盖场景树中的环境效果，并且只在相机节点启用时有效。

（4）默认环境

直接更改默认环境（default_env.resource）会影响到所有场景，请谨慎编辑保存。

2. 环境背景

以下是与环境背景相关的属性及如何使用的详细说明。

（1）背景

"背景"部分包含有关如何填充背景（未绘制对象的屏幕部分）的设置。在 IdeaVR2021 中，背景不仅用于显示图像或颜色，还可以更改对象受环境光和反射光影响的方式。

背景模式："清除颜色"使用项目定义的默认清除颜色。背景将是指定的颜色。"自定义颜色"类似于"清除颜色"，但具有自定义颜色值。"天空"可以定义全景天空（360°球形纹理）或程序性天空（具有渐变和可选太阳的简单天空）。物体会反射它并吸收它的环境光。"颜色 + 天空"可以定义天空（如上所述），但是使用指定的颜色值绘制背景。天空仅用于反射和环境光。

PanoramaSky： 利用全景图片渲染天空 - 全景：处理好的天空盒图片，IdeaVR2021 已经内置了一批高质量的全景球在资源下面的环境库中。也可以在这里自行添加我们自己的全景图片。

O 辐射率的大小：用于影响材质的基于真实物理属性（PBR）计算的参数，这里使用默认值 128 就可以了。

O 天空自定义视场：用于给天空盒一个畸变效果，可用于一些特殊效果的制作。正常情况下建议视场值设为 0，使用正常表现的天空盒。下面的 x,y,z 三个值分别代表天空盒采样的 UV 值。使用默认的值 (1,0,0) 能够得到标准的天空盒效果。

O 天空旋转值：需要给天空盒整体一个旋转角度的时候，可设置这个值。可以制作一些特殊的画面效果。

O 能量：用这个值来控制天空盒整体的光照强度。

ProceduralSky： 色调图，通过不同区域的颜色自定义渲染天空 。地面。底部颜色：地面底部的颜色值。 地平线颜色：地平线部位的颜色值。曲线：地面底部的颜色随着曲线变化。能量：地面底部的颜色强度值。

O 太阳：颜色：天空中太阳的颜色值。纬度：通过修改纬度值控制天空中太阳的升降。经度：通过修改经度值控制天空中太阳的水平位置。角度最小值：控制太阳的大小。角度最大值：控制太阳光晕的大小。曲线：通过一条曲线来控制太阳的大小。能量：通过该值来控制太阳强度的大小。

O 纹理：大小：设置生成的程序天空纹理的大小，默认值 1024。如果想要更高质量的程序天空纹理可以提高精度。

O 天空：顶部颜色：天空的颜色值。地平线颜色：天空靠近地面交界处的颜色值。曲线：使用一根曲线来控制天空颜色的变化。能量：天空的整体强度值。辐射率的大小：用于影响材质的基于真实物理属性（PBR）计算的参数，这里使用默认值 128 就可以了。

天空自定义视场：用于给天空盒一个畸变效果，可以用于一些特殊效果制作。正常情况下建议视场值设为 0，使用正常表现的天空盒。下面的 x、y、z 三个值分别代表天空盒的采样的 UV 值。使用默认的值 (1，0，0) 就能够得到标准的天空盒效果。

天空方向：用来设置天空的方向，这里使用默认值即可。需要制作特殊果时可以设置使用。

天空旋转度：需要给天空盒整体一个旋转角度的时候，可以设置这个值以制作一些特殊的画面效果。

能量：用这个值来控制天空盒整体的光照强度。

（2）环境光

环境光（如此处定义）是一种以相同强度影响每个几何体的光。它是全局的，与可能添加到场景中的灯光无关。

有两种类型的环境光：环境颜色（一种指定颜色乘以材质反照率得到最后材质显示结果），然后从天空获得一种 （如前所述，但是需要将天空设置为背景才能启用）。

将天空设置为背景时，可以使用"天空作用"设置在环境颜色和天空之间进行混合（为方便起见，此值默认为 1.0，因此只有天空会影响对象）。

图 9-4 环境光影响场景效果

不同的环境光如何影响场景的比较（图 9-4）。最后，有一个能量设置，它是一个乘数。使用 HDR 时非常有用。通常，环境光应仅用于简单的场景，较大的外部环境或出于性能考虑（环境光性能高），因为它不能提供最佳的照明质量。最好从 ReflectionProbe 或 GIProbe 生成环境光，这将更忠实地模拟间接光的传播方式。图 9-5 是在质量方面使用平面环境颜色和 GIProbe 的比较。使用上述方法之一，模型对象获得的环境照明是来自于探针的环境光。

（3）雾

在现实生活中，雾会使远处的物体逐渐消失。物理效果实际上很复杂，但是 IdeaVR2021 提供了一个很好的近似模拟。IdeaVR2021 中有两种雾：一是深度雾，此项基于相机的距离而产生不同

图 9-5 平面环境光

的效果。二是高度雾，此项雾的效果显示条件是高度低于（或高于）一定高度，无论与相机之间的距离如何。此两种雾类型均可调整其曲线，使其过渡或多或少变得更加平滑或者清晰。

可以调整两个属性以使雾效果更加有趣：

第一个是日照量，它利用雾之太阳的颜色属性。当朝着定向光（通常是太阳）看时，雾的颜色

图 9-6 全局照明

将改变，模拟通过雾的阳光。

第二个是"启用透光率"，它可以模拟更加逼真的透光率。实际上，它使光线在雾中更明显。

（4）景深模糊

此效果模拟高端相机上的焦距。其模糊给定范围内的对象。它的初始距离带有一部分平滑过渡

图 9-7 景深模糊

的效果（以世界单位为单位）。数量用来控制模糊的强度，对于较大范围的模糊，可能需要调整质量来确保更好的效果。如图 9-7 所示。

通常，同时使用这两种"模糊"来模糊近景和远景，可以使观看者的注意力集中在给定的对象上。

3. 后处理

提示：除 SSAO 外，其余后处理效果需要打开编辑器的"详细"模式

（1）屏幕空间环境光遮蔽（SSAO）

如"环境"部分所述，该节点功能的作用是让光源无法到达的区域（因为它在半径范围之外或被遮蔽）能够受到环境光的影响。IdeaVR2021 可以使用 GIProbe，ReflectionProbe，对天空或恒定的环境颜色进行模拟。然而，问题在于，先前提出的所有方法在较大的规模（较大的区域）上比在较小的区域上面效果更好。

环境颜色和天空在任何地方都是相同的效果，不会产生 AO。而 GIProbe 和 ReflectionProbe 虽然具有更多局部细节，但是对于一些特殊位置的 AO 效果却无法模拟。

"屏幕空间环境光遮挡"就是来补足它们的不足之处。如图 9-8 所示，其目的是确保凹入区域更暗，模拟真实物理世界的表现。

打开灯光的时候，发现无法观察到 SSAO 是一个常见的问题。这是因为 SSAO 仅作用于环境光，而不作用于直射光。

这就是为什么在图 9-8 中，在直射光下（左侧）效果不太明显的原因。如果想强制 SSAO 使用直接光，请使用 Light Affect 参数（即使产生的效果会有问题，但相信一些艺术家还是会喜欢它的）。

当 SSAO 与 GIProbe 结合使用时，看起来效果最好。如图 9-9 所示。

图 9-8 直射光效果

可以通过下面几个参数来调整 SSAO：

O 半径：这个参数用来控制遮挡剔除的影响范围（半径）。

O 强度：这个参数用来控制遮挡剔除的效果强度。

O Radius2：这个参数用来控制二次遮挡剔除的影响范围（半径）。

O Intensity2：这个参数用来控制二次遮挡剔除的效果强度。

图 9-9 SSAO 与 GIProbe 结合使用的效果

O 偏差：可以对它进行调整，以解决自我遮挡的问题，尽管默认设置通常效果很好。

O 光线影响：这个参数用来控制二次遮挡剔除的影响范围（半径）。

O AO 通道影响：如果使用 0 值，则仅将材质的 AO 纹理用于环境光遮挡；SSAO 将不适用。大于 0 的值在不同程度上将 AO 纹理乘以 SSAO 效果。这不会影响没有 AO 纹理的材料。

O 质量：根据质量，SSAO 将为每个像素采集更多样本。高质量只能在现代 GPU 上发挥作用。

O 模糊：使用不同的模糊内核来产生模糊。1x1 内核是一个简单的模糊，可以更好地保留局部细节，但模糊效果不好（通常在高质量设置下效果更好）。而 3x3 模糊内核则可以更好地柔化图像（有点抖动效果），但是无法保留本地细节。

O 边缘锐度：可以用于保留边缘的清晰度。

（2）屏幕空间反射（SSR）

虽然 IdeaVR2021 支持三种反射数据源（Sky，ReflectionProbe 和 GIProbe），但它们可能无法为所有情况提供足够的细节。模型对象彼此接触时屏幕空间反射效果最明显（例如：当模型对象在地板上、桌子上、在水上漂浮时等情况）。

另一个优点是即使在启用的同时，值设置到最小，它也可以实时工作，而其他类型的反射是预先计算的。可以在相机移动过程中使角色、汽车等在周围的表面产生反射。

参数设置：最大步长：确定反射的长度。此数字越大，计算成本就越高。淡入：允许调整淡入曲线，这有助于使接触区域更柔和。淡出：允许调整淡出曲线，在淡出区域里面能够获得更加平滑的表现。深度阈值：这个值是用来设置 SSR 误差的。值越大，将产生更多的效果误差。粗糙度：根据场景中材质的粗糙度来设置屏幕空间区域的模糊效果，让最终该区域的画面表现近似相应模型的原本材质表现。

提示：请记住，屏幕空间反射 (SSR) 仅适用于不透明物体，不适用于透明对象。

（3）发光（Bloom）

在摄影和电影中，当光量超过媒体（模拟或数字）支持的最大光量时，通常会向外渗出到图像的较暗区域。这在 IdeaVR2021 中使用发光效果已进行了模拟。

默认情况下，即使启用了效果，效果也会很弱或不可见。如要实际显示，需要满足以下两个条件之一：

图 9-10 屏幕空间反射

一是像素中的光超过 HDR 阈值（其中 0 是所有光都超过 HDR 阈值，而 1.0 是超过色调映射器 White 值的光）。通常，该值预计为 1.0，但可以降低该值以允许更多的光渗出。还有一个额外的参数 HDR Scale，它允许缩放阈值的光（使更亮或更暗）。

二是 Bloom 效果的值设置为大于 0。随着它的增大，整个屏幕会有更加强烈的光晕效果。

以上两者都会导致光线开始从较亮的区域溢出。

一旦看到发光，就可以使用一些额外的参数进行控制：

O 强度 是效果的总体等级，可以使光晕效果更强或更弱（0.0 将其删除）。

O 力度 是用来控制画面的模糊范围。通常，不需要更改此设置，因为可以使用"级别"更有效地调整大小。

此外，效果的混合模式也可以更改：

O Additive 是最强的一种，因为它只是在图像上增加了发光效果，而没有混合。通常，它太坚固而无法使用，但在低强度 Bloom 时看起来会很好（产生类似梦的效果）。

图 9-11 发光效果

O 屏幕 是默认模式。它确保发光永远不会比自身更亮，并且在周围环境中都可以正常工作。

O Softlight 是最弱的一种，只会在物体周围产生细微的颜色干扰。此模式在黑暗场景下效果最佳。

O 替换 可用于模糊整个屏幕或调试效果。它仅显示发光效果，而且没有下面的图像。

级别系统的真正优势在于结合了等级的概念来创建光晕（见图 9-14）。要更改发光效果的大小和形状，IdeaVR2021 提供了 Levels。较小的级别是对象周围出现的强烈光晕，而较大的级别是覆盖整个屏幕的朦胧发光 如图 9-15 所示。

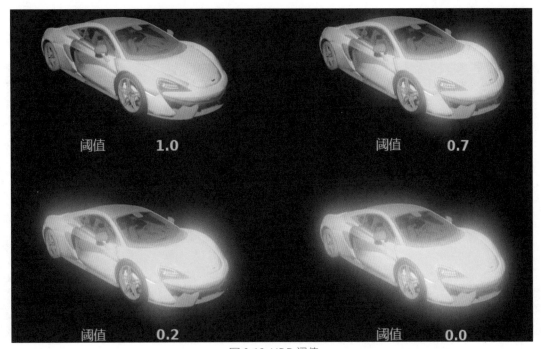

图 9-12 HDR 阈值

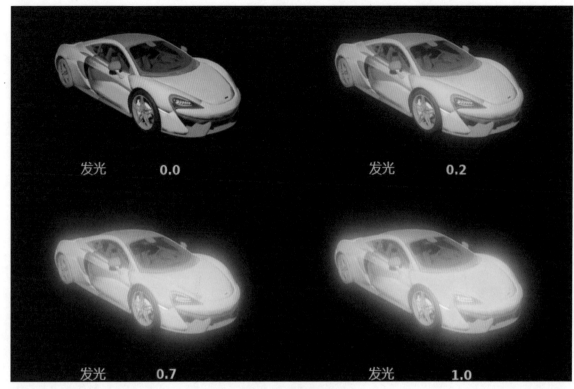

图 9-13 发光数值

勾选启用双三次高档可以有效的柔滑，平滑块状的光晕。

（4）色彩校正

IdeaVR 提供了最终画面调整的功能。勾选启用之后，我们可以用亮度值、对比度值、饱和度值来改变画面的亮度、对比度、饱和度。

图 9-14 层级 3+5+7

色彩校正是通过提供颜色校正梯度。规则的黑白渐变不会产生任何效果（我们可以使用下面这张图片来校正画面）。

（5）色调图

在电影和游戏行业中经常使用色调图来调整画面色调，色调映射可以让明暗区域更加均匀，色调映射选项包括：

O **模式：** 色调映射模式，可以是线性，Reindhart，Filmic 或 Aces。

O **曝光：** 色调映射曝光，可模拟一段时间内接收到的光量，类似摄影里面的曝光度属性。

O **白色：** 色调映射白色，它模拟白色整个画面中所占据的大概比例。

（6）自动曝光模式

在大多数情况下，照明和纹理都是由艺术家来负责制作，但 IdeaVR2021 通过自动曝光机制支持简单的高动态范围实现。通常该属性用来模拟从较暗的室内走向室外时，人的眼睛所看到的曝光的真实现象。自动曝光模式中的默认值是符合真实物理效果的，正常情况下您不需要对其进行调整。但如果有些制作特殊效果的需求，则仍然可以调整它的参数：

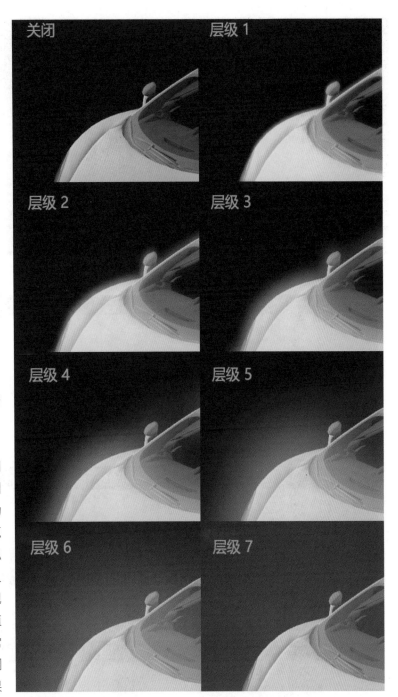

图 9-15 各层级的发光效果

O **缩放：** 缩放照明的值。较大的值产生较亮的图像，较小的值产生较暗的图像。

O **最小亮度：** 自动曝光将要调整的最小亮度。

O **最大亮度：** 自动曝光将要调整的最大亮度。

O **速度：** 亮度自行校正的速度。值越高，校正越快。

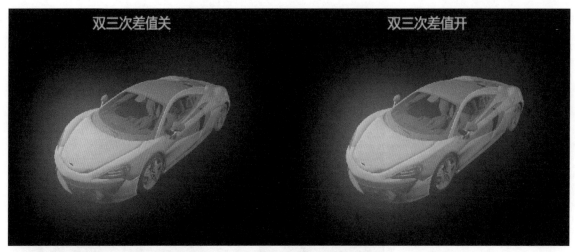

图 9-16 双三次差值

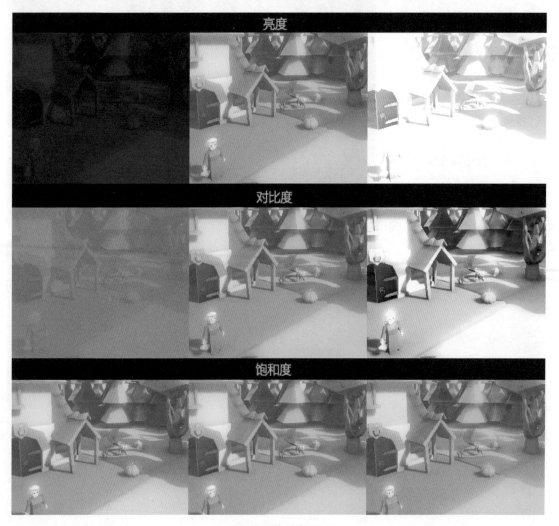

图 9-17 色彩校正

图 9-18 校正之后的结果

五、物理系统

物理节点的类型如图 9-19 中所列的节点组成了最基本的物理系统结构，其中包括对刚体的模拟、碰撞体的模拟、以及触发区域。无论是刚体还是碰撞体抑或是触发区域，都需要指定其形状和大小，把 Shape 类型的节点作为子节点挂在上述节点上，刚好可以用于定义这些部件的形状。

1. 刚体的使用

刚体可以用于模拟不同形状物体的物理效果，使用者可以在刚体上添加各种作用（包括重力、冲量、持续不间断的力、力矩等），物理系统根据施加给刚体的不同的作用力，计算刚体每一帧的

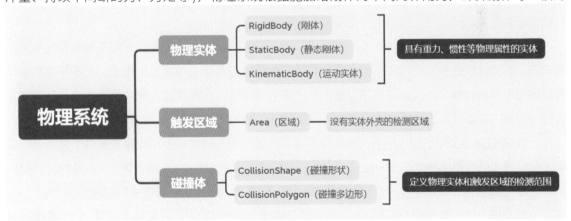

图 9-19 物理节点的分类

线速度和角速度，来获知刚体每一帧的运动轨迹。当然使用者也可以不添加作用力，而直接修改刚体的线速度和角速度，同样可以驱使刚体运动；这里需要注意，不能直接修改刚体的变换信息 (Transform)，因为此时刚体的变换信息是根据物理系统计算得知的，使用者直接修改变换信息会使物理计算结果失效，甚至会造成计算冲突，刚体的运动轨迹会紊乱。

（1）创建刚体

运行一下场景可以发现立方体 Mesh 随着刚体的重力效果一起掉落了，若地面上有碰撞体的情况，刚体还会和地面产生碰撞效果。

注意：如果只创建刚体节点，则不会产生任何效果，因为此时没有定义刚体的大小和形状，所以在刚体节点下面挂一个子节点 CollisionShape 或者 CollisionPolygon, 用于定义其形状，其次，我们需要找一个 mesh 节点也作为刚体节点的子节点，否则无法体现刚体带来的物理效果。

（2）刚体属性

在场景中创建一个 "RigidBody" 类型的节点，单击 RigidBody 节点查看到其属性面板。

O Mode：直接选择默认的刚体 ("Rigid") 即可，若选择其他的模式：Static。与静态碰撞体一个效果；Character(角色)。和 "Rigid" 模式类似，区别在于该模式不能旋转刚体；Kinematic。和动态碰撞体一个效果。

O 质量：刚体的质量。

O 重量：刚体的重量（其实和质量大小成正比的，比值是 g=9.8)。

O 物理材质重载：创建物理材质，可以选择创建或不创建，主要用于改变刚体和物理系统其他模块相互接触碰撞后的效果。包括刚体表面的摩擦力（**摩擦（Friction）**，从 0~1 变换)、是否粗糙（**（粗糙）Rough**，即是否使用摩擦力)、弹力（**（反弹）Bounce**，从 0~1 变化)、是否可以吸收弹力（**（吸收）Absorbent**，当两个物体碰撞，自身以及对面都有弹力，勾选则会吸收对面弹力，否则累加两者弹力)。

O **重力大小**：重力倍数，实际受到的重力 = 刚体重量 (Weight) * Gravity Scale。

O **自定义积分器**：如果打开，自动施加的力（例如重力、摩擦力等），只要非使用者主动添加的力都会失效。

O **连续碰撞检测**：全称是 "Continuous_Collision_detection"，是否进行连续的碰撞检测，若勾选，当物体快速移动时物理系统会根据物体的运动轨迹预测是否会发生碰撞，而不是等到物体已经触碰到其他物体了才反应过来是否要采取碰撞后的行动（这样往往会导致物体快速运动来不及反应就穿透了带碰撞体的其他物体），勾选后物理效果更准确但是需要花费更多时间进行计算。

O **接触报告上限**：刚体碰撞时会有接触点，该属性用于确定最多可以接收多少个接触点，如果刚体和其余组件碰撞产生了 n 个碰撞点，多于该属性值设置的值 m，则最多返回 m 个碰撞点信息。

O **接触监控**：如果勾选，当刚体发生了碰撞，会发射信号，告知接收者它碰撞了。

O **休眠**：是否需要处于沉睡状态，若处于沉睡状态，任何的物理效果都会失效，包括碰撞等。

O **可休眠**：是否可以进入沉睡状态,若不勾选，即使Sleeping参数勾选了也不会进入沉睡状态。

（3）轴锁

一共六个自由度，前三个代表线速度的限制，后三个代表角速度的限制。举个例子，若线性 Y 被勾选，即物理模拟时 Y 方向的线速度不管如何都是 0，若角度 Y 被勾选，则物理模拟时刚体永远无法绕 Y 轴旋转。

（4）线性

其中 Velocity 代表线速度，在游戏运行过程中该值一般都是由物理系统控制的，手动调整也行，但是不需要频繁手动调整，否则影响物理系统的计算。Damp 代表阻力系数，越大则越容易让线速度趋于 0。

（5）角

代表角速度的相关参数，与线速度类似。

2. 碰撞体的使用

（1）静态碰撞体

该类型的碰撞体主要作用在静态物体上。当静态碰撞体受到刚体等其余部件的冲击，不会产生移动，但是会做碰撞检测，防止刚体穿过该静态碰撞体。创建一个 StaticBody 类型的节点，放置一个 mesh 节点到 StaticBody 节点下面，然后点中 mesh, 如图 9-20。再点中红圈的地方，下拉框中前四个选项，都可以用来创建该 mesh 的静态碰撞体形状 shape，创建后即可使用。我们再观察其中的各个参数。

○ **物理材质覆盖**：在刚体的参数介绍中已经讲述，可翻阅刚体的介绍，主要用于设置和物理系统其他部件产生碰撞时碰撞表面的一些参数信息，从而得到不同的碰撞效果。

○ **恒定线速度** 和 **恒定角速度**：当其他物体，如一个刚体，与当前的静态碰撞体发生了碰撞以后，这个刚体可能会受到静态碰撞体的影响，从而使其线速度和角速度

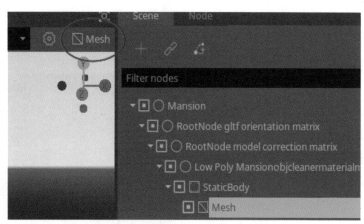

图 9-20 静态碰撞体

被静态碰撞体干扰，干扰的数值大小由这两个参数来控制。譬如制作赛车游戏的时候车转弯，要达到在地面上漂移的效果,把地面设置成静态碰撞体,调节地面碰撞体的这两个参数让车达到漂移效果。

（2）动态碰撞体

该类型主要作用在可动的物体上。譬如需要操纵的角色，也可以给它添加动态碰撞体，这样角色可以和场景中的静态碰撞体或者刚体交互，可以推开刚体，但是自身不会受到刚体反作用力。如图 9-21 创建一个 KinematicBody, 并在该节点下面挂载一个 CollisionShape 类型的节点来定义形状，再加一个 mesh 类型节点，组成如图 9-22 之节点树结构。此时 KinematicBody 还不能进行任何交互，需要通过脚本指定它的行为，我们在该节点上创建一个脚本，编写如图 9-23 脚本。

解析一下脚本的意义，这里的常量 GRAVITY 代表重力加速度，如果你希望 KinematicBody 受到重力影响，需要自己写交互，因为该节点不会受到物理引擎中力的影响，那么我们可以自己模拟，并通过直接修改速度 velocity 来改变 KinematicBody 的行为。常量WALK_SPEED代表节点行走速度。

注意，关于 *KinematicBody* 的交互我们必须写在 *_physics_process(delta)* 这个函数里面。函数里，我们定义了按"上下左右"按键的时候对速度 *velocity* 的影响，譬如按上下键，速度在 y 方向的值会发生变化，按左右键，速度在 x 方向的值发生变化；除此以外还加入了重力的模拟，物体 y 方向速度会受到重力影响。最终通过调用 move_and_silde 函数来驱动 *KinematicBody*。下面着重介绍一下该函数：

move_and_silde (Vector3 linear_velocity,Vector3 up_direction=Vector3(0, 0, 0)，bool stop_on_slope=false, int max_slides=4,float floor_max_angle=0.785398, bool infinite_inertia=true)

图 9-21 动态碰撞体

图 9-22 KinematicBody

这个函数表面的含义是移动 kinematicBody，当 body 遇到碰撞体时就会沿着碰撞体滑动，特别的，碰到动态碰撞体或者刚体时还可以推开这些物体。

O linear_velocity：表示当前 kinematicBody 的线速度。

O up_direction：代表世界坐标系中的方向，设置这个值主要是用来判别场景里的哪些物体是地板，哪些是天花板，哪些是墙，如果 up 方向颠倒，原来的地板可能就被认为是天花板了。

O stop_on_slope：当 kinematicBody 站在斜坡上时是否会滑下来。

```
1  extends KinematicBody
2
3  const GRAVITY = 2
4  const WALK_SPEED = 4
5  var velocity = Vector3()
6
7
8  func _physics_process(delta):
9
10     if Input.is_action_pressed("ui_left"):
11         velocity.x = -WALK_SPEED
12     elif Input.is_action_pressed("ui_right"):
13         velocity.x =  WALK_SPEED
14     else:
15         velocity.x = 0
16
17     velocity.y -= delta * GRAVITY
18     if Input.is_action_pressed("ui_down"):
19         velocity.y += -WALK_SPEED*0.1
20     elif Input.is_action_pressed("ui_up"):
21         velocity.y +=  WALK_SPEED*0.1
22     move_and_slide(velocity, Vector3(0, 01,0),false,4,0.78,true)
```

图 9-23 脚本

O max_slides：如果 body 发生了一次碰撞，碰撞后在 body 停止移动前，滑动方向可能会发生变化，那么滑动方向最多可以变化 max_slides 次。

O floor_max_angle：根据斜坡的坡度来定义该斜坡是楼梯还是墙，这个参数代表一个角度即坡度，大于这个坡度就是墙否则就是楼梯，默认值转化成角度就是 45°左右。

O infinite_inertia：开启后，body 就可以不费吹灰之力推开挡住它的刚体，但是作用力是单方面的，也就是说，对于刚体而言，被该 body 碰到后就好比受到了一个很大的冲量马上被弹开，但对 body 来说无论这个刚体存不存在都不影响自身的运动轨迹，游戏中控制的主角往往会带这种效果，关闭后 body 遇到刚体，想要推开就没那么容易了，更多的时候面对刚体就好像面对静态碰撞体一样，前进不了。

函数会返回一个 Vector3 的线速度 linear_velocity, 代表经过函数处理后的线速度，譬如物体可能滑下来或者碰到静态碰撞体就水平移动了等。

另外，还有一个函数也可以移动碰撞体并产生碰撞，函数介绍如下：

move_and_collide(Vector3 rel_vec, bool infinite_inertia = true , bool excluded_raycast_shapes = true, bool test_only = false)

使用起来比上面的函数还要简单一些，第一个参数代表实际移动速度，第二个参数 infinite_inertia 还是和上述函数的参数一样，true 的话惯性无穷大，会给碰到 body 的刚体一个很大的冲量；参数为 false 的话我们断言只有当 body 的速度比较大的时候才有机会冲飞前面的刚体障碍物，事实上，$F = m*\Delta v / \Delta t$，此时质量不大，只有通过速度的急速变化来弥补。

3. 触发区域的使用

（1）Area 节点创建

触发区域可用于检测物体是否进入或者离开某块区域，也可以对进入这块区域的物理对象修改其部分物理属性，例如重力、阻力等。在场景里创建 Area 节点，创建完毕后再创建一个 CollisionShape 类型的节点作为其子节点，用于描述区域的大小和形状。

（2）Area 节点参数介绍

O 空间重载：可选选项有以下几种。首先假设现在有两块 Area 区域，而且互相叠加，分别记为 area1,area2, 且分别会带来物理效果 p1,p2（这里指的物理效果是抽象化的集合，可以理解为重力、阻力等可能的物理效果的集合体），并且 area1 的优先级 (priority) 高于 area2 的优先级，所以计算的时候先计算 area1 带来的效果再计算 area2 带来的效果。再假设现在有个物体 obj 正好进入了这两个叠加区域，且物体本身带有物理效果 p_obj, 如此，再介绍每个选项作用。

禁用（Disable）：区域 area 不会影响进入其中的物体的物理属性。

叠加（Combine）：叠加物理效果，如果 area1 和 area2 都选择了该选项，那么最终物体的物理效果是 p_obj + p1 + p2。

叠加替换（Combine_replace）：会无视低优先级的区域，比如 area1 选择了该选项，area1 就成了最后一个被考虑的区域，不会继续考虑 area2 带来的物理效果，最终物理效果是 p_obj+p1，若在 area1 之前还叠加计算了其他区域的效果，并且记录已经叠加的效果是 p_prev，那么最终物理效果变成 p_prev+p_obj+p1。

替换（Replace）：一旦有区域 area 选择这个选项，并且其有幸能够发挥它的作用，那么会让所有之前叠加的效果全部抹去，换成它自身的物理效果，低优先级也一并不考虑，例如 area2 选择了该选项并且考虑到了它，最终物理效果就是 p2，注意物体本身的效果也被抹去了。

　　替换叠加（Replace_combine）：与 Replace 的区别在于选择该选项的区域在计算完成后，还会继续计算接下来的其他区域的效果，如 area1 选择了这个选项，area2 选择了 Combine，最终的物理效果就是 p1+p2。

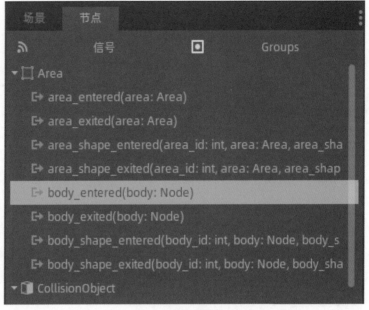

图 9-24 回调函数

　　O 重力点：若勾选，就会在区域中心产生一个重心点，从而产生万有引力，此时进入区域的物体会被重心点吸引而绕其旋转。

　　O 重力距离缩放：若有重心点，重心点对物体有吸引力，但是吸引力是随着物体距离重心点的距离变大而变小的，即力的大小和距离平方成反比。

　　O 重力矢量：假如没有重心点，物体在 area 中受到的重力方向就是沿着这个参数所示的方向的，那这个向量只代表方向，不考虑长度。

　　O 重力：重力的大小，一个数值，方向在 Gravity Vec 中给出了。

　　O 线性阻尼：线速度的阻力值，如果越大，物体在 area 中线性运动受到的阻力更大。

　　O 角阻尼：同上述，角度的阻力值，越大的话，物体就越难转动。

　　O 优先级：在讲解 Space Override 这个参数的时候提到过，即区域叠加的时候到底先计

图 9-25 connect

算哪个区域的效果，一般是依据优先值大小来确定的。

　　O 监测：若开启，当有物体进出该区域时会被该区域检测到。

　　O 可检测的：若开启，其他区域 area 可以检测到当前的区域是否有进出它们的区域。

（3）　Area 节点检测物体进出

点中 Area 节点，进入节点树的 Node 面板，发现上面有一系列的回调函数，双击其中一个。

双击后面板中点中的一个希望接收消息的节点。

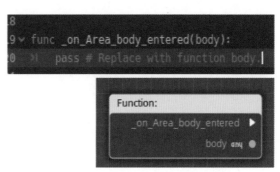

图 9-26、9-27 area 相关操作

然后 connect 就会在这个节点的脚本中出现一个回调函数，该回调函数指的是，当这个节点进入那块 area 区域时，area 就会发送消息，当前节点接收到消息并会运行一次这个回调函数，这个函数中可以编写节点进入 area 后的一些逻辑操作。

2 第二单元 交互与 UI

一、引擎插件的使用

1. 多媒体

（1） 3D 音频播放器

用于在 3D 空间中播放音频。该音频具有方向性，会根据距离远近衰减。默认情况下，从摄像机位置可以听到声音。

创建，点击快速创建 > 多媒体 > 3D 音频播放器进行创建，创建完成后节点会在右侧场景树中显示。

属性设置，3D 音频播放器通过右下角的属性面板 中进行设置。

O 音频流：即将要播放的音频。目前支持 OGG 、 WAV 和 MP3 格式，可以拖动音频资源到该属性栏上进行设置。

O 单位分贝：单位基本声级，以 dB 为单位。

O 单位尺寸：衰减效果的因素。

O 播放中：启用后，音频将开始播放。

O 循环：播放声音是否循环。

O 暂停：启用后，音频播放将暂停，多用于编辑器中。

（2） 3D 视频播放器

用于在 3D 空间中播放视频。创建，点击快速创建 > 多媒体 >3D 视频播放器进行创建，创建完成后节点会在右侧 场景树中显示。

目前支持的视频格式包括：OGV、MP4 、FLV 、AVI 、MPEG 、MKV 和 WebM ，将视频资源拖到视频属性栏上即可完成设置。

属性设置，3D 视频播放器通过右下角的属性面板 进行设置。

O 视频：即将要播放的视频。可以拖动视频资源到该属性栏上进行设置。

O 自动播放：默认为不勾选，若勾选，则启动案例运行之后视频自动开始播放。

O 屏幕大小 (x, y)：视频显示区域的宽和高。

O 视口大小 (x, y)：视频像素大小。

O 暂停：可以暂停视频的播放，一般用于

编辑器中。

（3） 3D 幻灯片播放器

用于在 3D 空间中播放幻灯片。创建，点击快速创建 > 多媒体 >3D 幻灯片播放器进行创建，创建完成后节点会在右侧场景树中显示。

属性设置，3D 幻灯片播放器通过右下角的属性面板如图 9-28 进行设置。

O PPT 资源文件：即将要播放的幻灯片。目前支持 PPT 和 PPTX 格式，需要先导入幻灯片，再将 PPT 资源拖到该属性栏上进行设置。

O PPT 的宽（像素）：PPT 内容显示的区域的宽。

O PPT 的高（像素）：PPT 内容显示的区域的高。

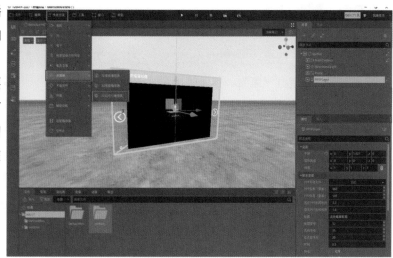

图 9-28 3D 幻灯片播放器

O 显示 PPT 的网格的宽：整个 PPT 播放器面板显示区域的宽。

O 显示 PPT 的网格的高：整个 PPT 播放器显示区域的宽。

O 标题：设置 PPT 播放器面板左上角的标题。

O 标题字体大小：设置 PPT 播放器面板左上角的标题的字体大小。

O 当前 PPT 页数字体大小：设置 PPT 播放器面板左下角的 PPT 当前页数的字体大小。

O PPT 总页数字体大小：设置 PPT 播放器面板左下角的 PPT 总页数的字体大小。

O 时间：自动播放时换页的时间间隔。

O 自动：启动后，PPT 将开启自动播放。

2. 环境

（1） 全景天空

用于在 3D 空间中创建全景天空。创建，点击快速创建 > 环境 > 全景天空进行创建，创建完成后节点会在右侧场景树中显示。将全景图片拖到全景属性栏上进行设置。

（2） 动态天气

用于在 3D 空间中创建动态天气效果。创建，点击快速创建 > 环境 > 动态天气进行创建，创建完成后节点会在右侧场景树中显示。

属性设置，动态天气通过右下角的属性面板进行设置。

O 时间设置：设置当前时间，影响光照方向，数值范围为 0~24 点。

O 天空颜色：设置天空的颜色。

○ 风向：设置风的方向，数值范围为 0°~360°。

○ 风强：设置风的强度。

○ 降雨量：设置降雨的大小。

○ 降雪量：设置降雪的大小。

○ 云层覆盖：设置云层的厚度。

○ 环境：加载预设的天气 resource 文件，其中可以设定的属性如下：背景：设定天空的背景颜色，天空方向以及阳光强度。环境光：设定该天空环境下的反射光颜色，反射光照强度以及天空光照的作用值。雾：设定雾气氛围。景深远模糊：设置远景模糊效果。景深近模糊：设置近景模糊效果。屏幕空间环境光遮蔽（SSAO）：若开启，则可以表现出场景中物体在环境光照下产生的近似轮廓阴影。

以下属性只有当编辑器设置中属性面板展示模式为"详细"时才会显示。屏幕空间反射（SSR）：若开启此效果，所有材质将利用深度缓存器和前一帧的颜色，来创建比反射探针更精准的反射。发光：设定当前环境光照参数。色彩校正：校正当前环境的光照色彩，如亮度、对比度、饱和度。自动曝光模式：设置曝光模式。资源：设定当前环境的预加载资源文件及其名称。

（3）海面

用于在 3D 空间中创建海面模型。创建，点击快速创建 > 环境 > 海面进行创建，创建完成后节点会在右侧场景树中显示。

常见问题：如何制作特定形状的水面效果？一是选择特定形状模型节点；二是修改材质属性，选择加载选项；三是选择海洋材质路径：res://addons/ocean/ocean/materials/visual_water_a.resource，加载后该模型即变为海面效果。

（4）地形

用于在 3D 空间中创建地形模型。创建，点击快速创建 > 环境 > 地形 > 调节地形参数，弹出生成地形面板中进行参数设置，完成后节点会在右侧场景树中显示。

注意：地形目录有默认目录，可以在生成地形后在底部文件系统中修改目录名称。

画刷，地形画刷可以用来自由调整地形细节。

更改画刷类型，包括：

○ 提升高度、降低高度：用于改变地形高低。

○ 光滑高度：用于平滑画刷当前位置和周围的高度差。

○ 水平面：用于根据当前画刷位置和周围的高度差创建一个平滑表面。

○ 平台：用于搭建一个特定高度的平台，高度可以设置。

○ 侵蚀：用于制造雨水侵蚀效果。

○ 地形纹理绘制：用于改变地形表面纹理，如岩石层、泥土层等。

○ 地形颜色绘制：用于改变地形表面颜色。

○ 地形草皮绘制：用于增加地形表面植被，如草皮、花朵等。

更改画刷大小、不透明度和特殊类型的属性。属性设置：

O 环境风：用于影响当前地形上的各类植被。

O 组块大小：影响渲染效率，一般不需要做修改。

O 着色器类型：主要使用四种，Classic4 和 Classic4Lite 都是基础地形着色器，但是前者效果会比后者更好，后者效率更高。LowPoly 是低多边形着色器，用于生成卡通效果的地形；Custom 是自定义着色器。

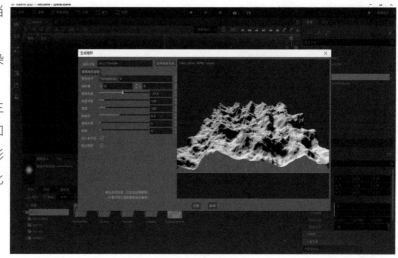

图 9-29 创建地形

O 自定义着色器：如果想要使用自定义着色器，需要先将着色器类型设置为 Custom。

其他设置，点击地形按钮显示出下拉框：

O 导入地形：用于导入地形高度图，根据地形高度图可以生成地形模型。

O 生成地形：用于生成 / 修改当前地形数据，更改地形的高低起伏。

O 调整地形精度：用于调整地形整体精度。

O 烘焙地形全局贴图：用于生成地形纹理图，给默认着色器进行使用。

O 刷新地形碰撞体：用于更新地形碰撞体，防止产生穿模或悬空问题。

O 输出高度图：用于输出当前地形数据，生成地形高度图，以便后续复用。

（5）地形装饰

用于在地形系统上添加装饰模型。创建，点击快速创建 > 环境 > 地形装饰进行创建，创建完成后节点会在右侧场景树中显示。点击 Add 按钮添加装饰模型，然后选取想要添加到场景中的装饰模型，点击场景任意位置即可放置。

提示：首先在导入场景文件或者模型位置进行设置（一般对坐标位置及高度进行调整）；其次在地形上添加装饰模型时需要先刷新地形碰撞体，否则会导致模型不能紧贴地形装饰。

（6）积雪

用于在 3D 场景中为 MeshInstance 节点生成积雪效果。创建，点击快速创建 > 环境 > 积雪进行创建，创建完成后节点会在右侧场景树中显示。

属性设置，积雪通过右下角的属性面板可以进行设置。

O 节点路径：指定要使用积雪效果的节点路径 , 会对该路径节点及其子树进行积雪覆盖。

O 启用积雪效果：是否启用积雪效果。

O 积雪覆盖范围：设置积雪的范围，数值越高，效果越密集。

注意事项：仅对指定路径下的 MeshInstace 类型和 CSG 网格类型的节点增加积雪效果，一旦制定路径下某子节点被移走，则后续设置不能继续作用在该子节点上。

O UI 板之类的节点不应增加积雪效果。

O Snow 节点路径最好指向一个实例化的子场景。

O Snow 节点在删除时会自动重置网格的材质。

3. 辅助功能

（1） 爆炸展示

用于在 3D 场景中，为多网格模型组成的模型进行爆炸展开效果，方便用户观察模型内部结构。创建，点击快速创建 > 辅助功能 > 爆炸展示进行创建，创建完成后节点会在右侧 场景树 中显示。

设置 Explosion 节点主要属性：

O 节点路径：需要爆炸的模型节点路径。

O 爆炸范围：模型的炸开程度。

O 模式：模型的爆炸模式。

O 爆炸方向：模型沿哪个方向散开。

O 开始爆炸：勾选此项，模型开始爆炸（如图 9-30）。

O 爆炸复原：将爆炸后的模型复原（模型散开后勾选此项才有用，一般在脚本中调用）。

注意事项：目前该插件仅支持将节点路径下的第一层子节点炸开。如果节点路径选择了某个节点，那么该节点就会扩散开，再往下的子节点会作为一个整体移动。相关的模型不需要作为爆炸节点的子节点，只需要在节点路径中指定即可。

（2） 寻路指引

用于在 3D 空间中生成一条指示线路。支持两种模式，分别是固定线路和导航线路。创建，点击快速创建 > 辅助功能 > 寻路指引进行创建，创建完成后节点会在右侧场景树中显示。

属性设置，寻路指引通过右下角的属性面板 进行设置。

O 宽度校准值：调整路径宽度。

O 每米的 UV：箭头密度。

O 模式：切换固定线路（FIXED_PATH）和导航线路（NAVIGATION_PATH）两种模式。

FIXED_PATH：固定路径点集——

图 9-30 爆炸展示

固定路径需要的点是通过多个点连成线路，需要大于等于二个点；NAVIGATION_PATH：导航节点是一个 Navigation 类型的节点，需要与导航网格实例一起使用。

O 导航路径起点：从该节点出发的导航指引箭头。

O 导航路径终点：导航指引箭头指向的最后节点。

(3) 自动跟随

将挂载在该节点下的节点根据参数始终跟随在选中的节点面前。有两种形式：固定跟随未启用和固定跟随启用。

创建，点击快速创建 > 辅助功能 > 自动跟随进行创建，创建完成后节点会在右侧场景树中显示。

属性设置：

O 启用：启用跟随。

O 与节点的距离：与跟随的节点的距离。

O 跟随触发的距离：当两个节点的距离大于该值，该节点及其挂载的节点会跟随移动。

O 跟随触发角度：当两个节点的旋转角度大于该值，则该节点及其挂载的节点会跟随移动。

O 跟随速度：跟随移动时的速度。

O 固定跟随：一直触发，相对的距离和角度保持不变。

O 跟随的节点：被跟随的节点。

(4) 顺序拆装

用于对物体进行顺序拆装或任意拆装。一般支持 VR 手柄拆装和鼠标拆装。可以选择顺序拆装 / 非顺序拆装，可以选择遍历所有网格或者使用默认的第一层子节点。

创建，点击快速创建 > 辅助功能 > 顺序拆装进行创建，创建完成后节点会在右侧 场景树 中显示。

开启顺序拆装功能，选中并右击根节点，选择添加脚本。 在弹出的窗口中，设置好脚本的保存路径，并单击新建脚本。在弹出的交互编辑器当中，从右下角处，找到主任务， 任务拆分和键盘，并将它们拖曳到中间的界面当中（如 9-31 图所示）。

交互编辑器此时有许多模块出现，在键盘中找到键值选项并点击，在弹出的窗口中，根据提示设置按键。回到主窗口,选中顺序拆装节点,在属性面板中找到开启与重置两项。将鼠标移动到文字处，左键按住并将其拖曳到交互编辑器的界面当中。在交互编辑器中找到拖入的开启与重置两个模块，点击 bool 值，并勾选：真。找到主任务模块中的 右方向 箭头，鼠标左键按住拖曳到任务拆分模块中的箭头上，此时会出现一根线连接两个模块。以此类推，将所有模块连接起来（如 9-33 图所示）。最后点击交互编辑器窗口中的新建选项，选择保存来保存编辑好的脚本。运行项目，并按下设置好的按键，便能开始对模型进行顺序拆装。

属性设置，顺序拆装通过右下角的属性面板进行设置。

O 节点路径：指定拆装的根节点的路径。

O 遍历全部网格：开启后每个网格节点的拆装是独立的，默认不开启时仅能对指定根节点的第一层子节点进行拆装。

O 交互方式：PC 模式下，支持在电脑设备上使用鼠标进行操作；VR 模式下，使用 VR 设备进行操作。

O 吸附距离：在安装 / 拆卸过程中的有效距离，安装时在此距离内会自动吸附。

O 启用顺序拆装：是否启用顺序拆装，启用时顺序是节点的排布顺序。

O 开始：该属性是为了方便用户在交互编辑器中使用，将该属性设置为 true 时会开始拆装。

O 重置：该属性是为了方便用户在交互编辑器中使用，将该属性设置为 true 时会重置模型位置，若要再次开始，需要再次设置开始属性为真。

注意事项：

◇ 拆装的物体节点的中心最好是在物体的中心位置。

◇ 注意设置交互方式，如果是 VR 运行请选择 VR，否则选择 PC。

◇ 鼠标拆装需要检测碰撞，如果在 PC 模式下注意相机不要加碰撞，否则可能会导致鼠标检测不到想要拆装的节点。

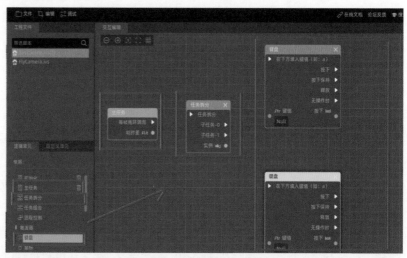

图 9-31 顺序拆装

◇ 开始和重置应该运行时设置，而且不要在 ready 中设置，因为程序内部会有一个初始化的时间。

◇ 每次重置后需要再次设置开始才能进行新一轮拆装。

◇ 可以通过节点调整节点在节点树中的顺序来调整拆装的顺序及作用方式，比如物体的零部件太多，可以在指定路径节点的第一层多加几个 spatial 节点，将零部件分成几组放在不同的 spatial 节点下面，然后取消勾选遍历全部网格，就可以将

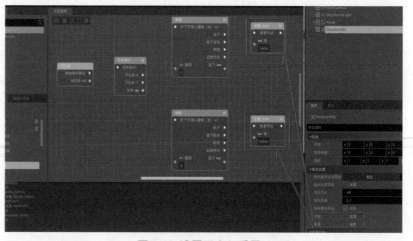

图 9-32 设置开启与重置

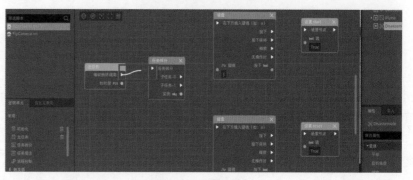

图 9-33 设置连线

零部件分组拆装。

4. VR 插件

（1） VR 相机

支持多种 VR 设备的第一人称节点。新建该节点并选择适当的模式运行即可。该插件在可视化脚本中提供了两个新的触发器，分别是 VR 手柄触发器和 VR 手柄替换。该插件还提供了一个功能节点 " VRHandle "，使用该功能节点可以实现 mesh 的移动，显隐。Quest 头盔按下左手柄的 A 键即可呼出相关功能菜单，MR 头盔和 HTC 按下菜单键即可呼出菜单。

创建 VRplayer 节点：点击快速创建 > 相机 > VR 相机进行创建，创建完成后节点会在右侧 场景树 中显示。VRHandle 节点：添加 VRPlayer 节点后，直接点击添加子节点（快捷键 Ctrl+A），搜索 VRHandle 节点进行添加即可。

（2） VRplayer 节点主要属性

O 运行模式：分为 PC、Openvr 和 Quad Buffered Stereo 三种模式，PC 模式便于调试，Openvr 适配 MR 头盔或者 Quest 头盔，Quad Buffer Stereo 适配 cave 大屏。

O 静止：静止即不能移动。

O 世界缩放：VR 世界的缩放比。

O 设置为主相机：运行时设置为场景主相机。

PC：可跳跃至 PC 模式下，勾选后可以按空格键跳跃。

O 可飞行：PC 模式下，勾选后不受重力影响（不可跳跃）。

Openvr：流畅模式如果启用，会在运行时修改一些渲染参数来保障运行流畅度。

Quad Buffered 重力：移动时会以射线指向为前进的方向，启用重力则不能上下移动。

O 瞬移按钮：根据 Gmotion 的手柄版本来设置瞬移按钮。

O 模拟调试：启用时用键鼠来模拟大屏的追踪及手柄操作。

O FOV 宽度缩放：控制 Quad Buffer Stereo 模式下的 fov 宽度。

O FOV 高度缩放：控制 Quad Buffer Stereo 模式下的 fov 高度。

O Cave 主要端口：cave 连接时使用的端口号。

（3） VRHandle 节点主要属性

O 模式：调整相关模型的操作模式（显隐或移动）。

O 显示菜单：控制手柄菜单的显隐。

O 全部显示：勾选后会直接调用手柄菜单中的全部显示功能，开放这个接口主要用于交互编辑时用。

O 一键复位：勾选后会直接调用手柄菜单中的一键复位功能；开放这个接口主要用于交互编辑时用。

O 工具节点：选择需要作用的节点，放在该节点下的模型可以使用手柄菜单中的功能。

注意事项：

◇ PC 模式方便调试使用，WASD 控制移动。

◇ 工具节点使用空节点（spatial 节点），即：新建 spatial 节点，在该节点下添加相关模型，在 VRHandle 节点下的工具节点中选择该节点即可。

◇ 若无法正常使用，请更新 steamvr 至 1.16.10 及之后的版本，该版本可以稳定运行。

◇ 使用微软混合现实门户的头盔如果遇到卡顿问题，首先要确保操作系统的内部版本号是 16299.64 及之后的版本，然后更新显卡驱动至最新，在混合现实门户中将预览关掉再次尝试。如果问题仍存在，尝试在 steam 中使用混合现实门户的 beta 版本。

（4） 大屏调试模式

为了方便开发大屏应用时脱离大屏硬件进行开发，提供大屏的调试模式。

具体操作如下： WASDQE 等按键分别代表前左后右上下的方向，可以控制人物角色的移动或手柄的移动，通过 alt 键进行切换。

O 鼠标用来控制手柄的旋转，鼠标左键用于模拟手柄的扳机键进行操作。

启用方式：在编辑器中启用模拟调试。

O 在运行时指定参数 developermode，该参数优先级高于编辑器中的模拟调试参数。

使用注意：可以使用 linkvr 的配置文件支持多个屏幕。

O 去除场景中无用的相机节点，避免其脚本扰乱鼠标模式。

5. 屏幕控件

（1） 表格插件

适用于在引擎中制作表格。同时在工具栏添加 Marge cells 按钮，可以将选中的多个单元格合并（如果可以合并）。创建方式：在资源商店中下载导入表格插件，点击快速创建 > 平面控件 > 表格进行创建，创建完成后节点会在右侧场景树中显示。

属性设置：

O 行：行数，可自行更改。

O 列：列数，可自行更改。

O 对齐：水平对齐，调整字体在水平方向上的对齐（靠左，靠右，居中等）。

O 垂直对齐：垂直对齐，调整字体在垂直方向上的对齐（靠左，靠右，居中等）。

O 字体：可添加字体，更改字体大小等，与引擎中的 Font 属性相同，设置的字体会同时应用到作为 tablecell 的节点中。

O 线的宽度：表格的线宽。

O 线条颜色：表格线的颜色。

O 默认单元格高度：添加格子时新格子的高度。

O 默认单元格宽度：添加格子时新格子的宽度。

O 单元格矩阵：为了在编辑器中保存变化而导出的变量，不能手动进行修改。

注意事项：不能修改 tablecell 节点中脚本变量下的属性，不然会导致错误。

（2）3D 按钮插件

在 3D 空间中的 button 节点。通过新建自定义 Button3D 节点来使用。

创建方式：在资源商店中下载导入表格插件，点击快速创建 > 平面控件 >3D 按钮进行创建，创建完成后节点会在右侧场景树中显示。

属性设置：

O 文本：按钮文本。

O 面板缩放比：控件大小。

O 宽度：按钮宽度。

O 高度：按钮高度。

O 字体大小：文本字体大小。

O 启用公告牌：开启后，按钮会一直朝向主相机。

O 关闭深度测试：是否关闭深度测试，设置为 true 表示关闭深度测试。

O 渲染优先级：渲染优先级。

O 按钮正常状态贴图：按钮正常状态贴图。

O 按钮悬浮状态贴图：按钮悬浮状态贴图。

O 按钮按下状态贴图：按钮按下状态贴图。

O 信号：pressed, 当被点击时触发。

（3）3D 面板插件

在 3D 空间中的 panel 节点。通过新建自定义 Panel3D 节点来使用。

创建方式：在资源商店中下载导入"表格插件"，点击快速创建 > 平面控件 > 3D 面板进行创建，创建完成后节点会在右侧场景树中显示。

属性设置：

O 面板缩放比：控件大小。

O 宽度：面板宽度。

O 高度：面板高度。

O 启用公告牌：开启后，按钮会一直朝向主相机。

O 启用按钮：是否启用按钮。

O 按钮文本：按钮文本。

O 面板文本：面板文本。

O 按钮文本文字大小：按钮文本文字大小。

O 面板文本文字大小：面板文本文字大小。

O 关闭深度测试：是否关闭深度测试，设置为 true 表示关闭深度测试。

O 渲染优先级：渲染优先级。

O 按钮正常状态贴图：按钮正常状态贴图。

O 按钮悬浮状态贴图：按钮悬浮状态贴图。

O 按钮按下状态贴图：按钮按下状态贴图。

O 面板贴图：面板贴图。

O 信号：button_pressed，当按钮被点击时触发。

（4） 3D 字体控件

可以在 3D 空间中输入字体并自动将字体转化为 3D 状态。并且，可以将字体变成 meshinstance。

创建方式：在资源商店中下载导入"表格插件"，点击快速创建 > 平面控件 > 3D 字体进行创建，创建完成后节点会在右侧场景树中显示。

属性设置：

O 文本：显示的文本。

O 字体大小：字体的大小。

O 字体：可以导入自定义字体。

O 对齐：字体位置。

O 颜色：字体材质的颜色。

O 金属：字体材质的金属度。

O 粗糙度：字体材质的粗糙度。

O 发射光颜色：字体材质的发射光颜色。

O 发射光强度：字体材质的发射光强度。

O 拉伸：字体的拉伸程度（直观表现为字体的厚度）。

O 最大步长：步数越多，渲染的时间就越长。

O 步长大小：较小的步长将增加渲染时间，而较大的尺寸将更快地渲染。

（5） 考题插件

用于 3D 场景中的考核功能，支持导入题库(csv 文件)，兼容鼠标和 VR 手柄交互。创建方式：在资源商店中下载导入"考题插件"，点击快速创建 > 辅助功能 > 考题系统，创建完成后节点会在右侧场景树中显示。

属性设置：

O 题库文件路径：导入 csv 文件路径（选择导入的 csv 文件即可）。

O 抽取题目数量：抽取的考试题目的数量。

O 总分：设置总分。

O 随机出题：是否需要随机出题。

O 屏幕大小：调整考题 UI 的大小。

O 时间限制：是否打开时间限制（单位：分钟）。

O 时间：勾选时间限制后出现的属性，用于设置时间（单位：分钟）。

注意事项：导入的考题文件必须是 csv 文件，相关 csv 文件的创建直接将相关文件另存为 csv 文件即可，不能强行求改文件后缀。目前该插件支持单选题、多选题和判断题。

（6）步骤提示

便于用户开发 VR 内容，特别是具有操作步骤的虚仿实验时，快速实现文字提示功能。

创建方式：在资源商店中下载导入"步骤提示"，点击快速创建 > 平面控件 > 步骤提示进行创建，创建完成后节点会在右侧场景树中显示。

属性设置：

O 文本内容：每条对应一句字幕；初始显示三条，且有默认文本，可以增加修改。

O 当前步骤：对应当前是第几条字幕。

O 背景颜色：字幕背景颜色。

O 背景贴图：字幕背景贴图。

O 文字填充颜色：文字的颜色。

O 字体大小：文字的大小。

O 启用公告牌：开启后，按钮会一直朝向主相机。

O 步骤切换按钮：是否启用步骤切换按钮。

O 面板缩放比：控件大小。

O 宽度：面板宽度。

O 高度：面本高度。

二、可视化交互编辑器介绍

1. 交互编辑器概览

使用一个东西前，我们应该先问自己一个问题，为什么要用它，它能帮助我们做什么？

我们应该明白的是，可视化的交互编辑器其实也需要用户对于事物的基本逻辑有一定的基础了解，如理解条件的意义。一般来说，一个条件都会导致两个结果，一个是条件达到，另一个是条件没有达到，这方面的理解有时会让用户觉得，那不是跟写代码一样吗，为什么我要使用可视化交互编辑器呢？

关于为什么用户应该使用它，答案很简单，因为它可以帮助用户非常快捷地做到一些，例如写脚本（代码）需要很大篇幅才能完成的事情。

可视化的交互编辑器能为用户做到：

O **鼠标节点** 能够快捷的设置鼠标点击指定的区域或者模型，来触发后续事件。

O **空间触发器节点** 能够在人物模型或者摄像机进入某一区域时，触发事件，比如人物走到自动门附近，自动门进行打开操作（这里需要参考动画制作版块），或者隐藏显示某一样东西。

O **多人协同节点** 能够只拖出一个节点，就可以同步客户端和服务器的操作结果，实际应用场景可以是老师为学生展示操作过程，也可以是多人交互的场景。

2. 界面与常用操作

（1） 界面布局

交互编辑器界面主要包含可视化流程图设计区域、脚本列表文件区域、常用节点区域等（图 9-34）。

（2） 创建脚本

脚本是通过挂载在场景树节点上运行的。我们可以在一个节点上创建脚本，创建后脚本则默认挂到该节点上，也可以直接创建不挂载到节点上的脚本，具体方法如下：

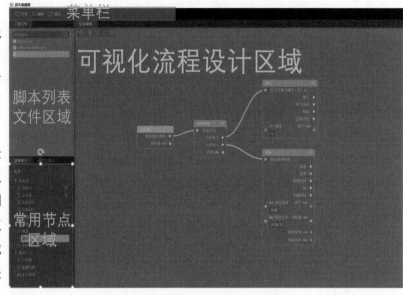

图 9-34 交互编辑器界面布局

- O 在节点上创建脚本。
- O 选择节点后，点击上方的添加脚本按钮。
- O 或右键点击节点，选择添加脚本。
- O 在弹出窗口中选择"IVRScript"，再点击加载。
- O 直接创建脚本。

点击左侧脚本按钮，选择文件 > 新建脚本后创建开始脚本。

无论使用哪种创建方式，我们都可以在文件面板中找到创建好的脚本，并把它拖到任意想要挂到的节点上。

（3） 逻辑单元与连线

打开创建好的可视化脚本，在左侧的逻辑单元处可以快速拖入常用的逻辑单元到脚本中，拖入后点击右侧的删除按钮可以删除对于滚单元。主任务以及初始化节点的创建和删除如图 9-35 所示。

逻辑连线，常规的连线方式如图 9-36 所示。

（4） 获取节点和属性

直接从场景树中拖曳节点到交互编辑器中即可获取节点，在拖曳期间按住 Ctrl 拖入可以搜索并调用该节点类型的相关函数。

获取属性时，直接从属性面板中拖入属性到交互编辑器中，即可对该属性进行设置；按住 Ctrl 拖入则可以获取并使用该属性的值。

- O 右键搜索：鼠标空白处右键，或使用快捷键 Ctrl+F，可以通过搜索快速找到想要的可视化脚本节点。
- O 连线智能搜索：连线时按下 Ctrl，可以出现自动匹配的函数列表，使用该方法创建节点后可以自动连线。

（5）注释的使用

如果善用注释，可以帮助你分块管理的逻辑，让它们看起来更加清晰，且注释中的节点会跟随整个注释框一起移动，方便快捷。使用方法是：右键或使用快捷键 Ctrl+F 搜索"注释"，打开注释节点，交互编辑器中出现注释框，点击注释框，在属性面板中可以修改注释内容。

（6）画布与快捷操作

O 左键：选择、框选。

O 滚轮键按下：平移视图。

O 滚轮：视图上下平移。

O Shift+ 滚轮：视图左右平移。

O 空白处右键：打开函数搜索页面。

O Ctrl+ 滚轮：视图缩放，视图缩放的位置根据鼠标悬浮的位置来定。

3. 交互调试方法

当脚本不能正常工作的时候，我们可以参考以下操作进行调试。

O 首先，在制作脚本的时候，应该保持较高频率的测试（开启场景看你的脚本是否达到了想要的效果），而不是一次性制作很大规模的脚本再开始运行找错。

O 其次，如果忘记了进行中途的测试，已经形成了较大规模脚本，这时要想办法去除一些逻辑流程，断开一些连线，再对简单的逻辑进行测试（这也是为什么推荐使用任务拆分节点，不要把所有逻辑都连成一根线的原因）。

O 最后，当大体定位哪一个逻辑

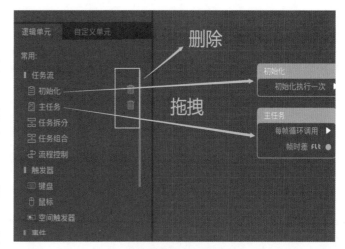

图 9-35 逻辑单元创建与删除

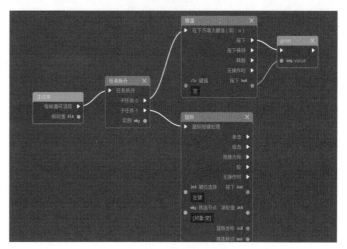

图 9-36 逻辑单元连线

流程有问题后，可以尝试加入 Print 节点如图 9-37，继续输出打印信息，查找具体的问题节点，如流程节点现在有 ABC 三个，顺序是 A > B > C。如果不确定问题出在哪里，可以在 AB 和 BC 之间都加上 Print，并随意打印一些信息，再运行场景时，观察打印信息是否被输出，如加在 AB 之间的信息打印了出来，但是 BC 之间却没有打印，那么就说明 BC 的流程没有走通（很可能是因为条件不满足造成的），这时就应该有针对性的去看节点 B 为什么没有满足，进一步锁定最后的问题点。

默认的输出信息为 Null，自定义的输出信息则需要用到变量。

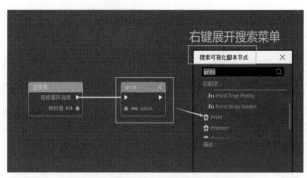

图 9-37 调试脚本

4. 逻辑单元功能介绍

（1） 节点端口说明

以任意节点为例，整个节点可以按照左右和上下来进行整体的功能区分： 如左右分开的话，左侧都是输入部分，右侧是输出部分 。如上下分开的话，上面是流程的控制，下面是变量的控制 。

如以图形区分的话，三角端口代表流程的连接，圆圈代表的是各种变量（值）。

（2） 主任务节点

功能： 主任务节点在场景运行时，其每帧循环调用，一般大部分的功能都要连接到主任务上。

（3） 初始化节点

功能：初始化节点在每次初始化时仅运行一次，可以将只需要执行一次的功能连接到该节点上。

（4） 任务拆分节点

功能： 将本来的任务线分割为多个子任务，任务数量选中节点后，可以在属性面板中调整，需要注意的是子任务的执行顺序，通常是从上到下的，0，1，2……，此举的意义在于对用户的操作逻辑进行分流处理，否则都连成一条线的话，后面再看这个脚本就很难理解了，另外从布局的层面来讲，也更加方便。

（5） 流程控制节点

功能： 控制该节点（后面）的流程是否执行，如果执行，是否只执行一次，需要注意的一个特别典型的误用，就是把按键接在这个控制节点后，只执行一次。因为该节点只控制从这个节点开始之后的流程，你即便没有按下键盘，也算是一次执行，所以你应该把按键的节点放到控制的前面，如果你的本意是只响应一次按键的话，应该将"只执行一次"设置为真。

（6） 键盘触发器

功能： 响应键盘按键输入，点击"键值"并按下键盘上的按键可以选择想要响应的按键。右侧输出节点中，"按下"表示按下按键的第一次响应，"按下保持"响应按键按住的操作，"释放"则响应你按键抬起的瞬间（也只响应一次）。

（7） 鼠标触发器

功能： 处理鼠标按键输入，点击"键位选择"可以选择键位（左键，右键，中键）。将选节点用于连接网格实例（MeshInstance）类型的节点，连接后只有当鼠标拣选到物体时才有相对应的按键，也可以为空（即只响应鼠标按键，不拣选任何物体）。

（8） 空间触发器

功能：空间触发器的使用方法类似于鼠标拣选的不可见模式，其中最大的不同在于，我们不是用鼠标触发，而且判断一个物体是否进入了该区域（比如摄像机或者人物的角色）。

点击选中空间触发器节点后，右侧属性栏中也可以设置被触发区域的属性，如果在此处设置的话，类型将被限定为 Area 的节点类型（其他类型的节点都不能选择），这样可以降低用户错误设置节点的可能性。如果同时设置了节点上的可视化参数（Area 节点），也设置了右侧的属性（被触发区域），那么将以右侧属性为主，因为右侧属性的设置保证了节点选择的正确性 节点上的可视化参数（Area 节点），可以选择 Area 以外的类型，如 MeshInstance。选择后，我们将为用户自动生成一个匹配的 Area（如果节点下的子节点不是 Area）。

（9） VR 手柄触发器

功能：提供 VR 模式下的手柄事件处理，连接不同的端口触发交互。该触发器必须先下载安装 VR 相机的插件。 下面按照端口编号来介绍各参数的意义。

O 由前面模块流入到当前模块。

O 手柄键位：下拉选择形式，目前提供扳机键和握持键两个选项。

O 作用节点 (请确保添加物理碰撞体)：请拖入一个节点，一般为网格类型。使用者需要自己添加碰撞体，程序会根据传入的节点去寻找碰撞体。

O 是否在按下时拖动拣选节点。

O 进入：两种情况。在有拣选节点时，射线进入拣选节点会触发；当无拣选节点时，每次进入一个新的碰撞体就会触发。

O 离开：两种情况。在有拣选节点时，射线离开拣选节点会触发；当无拣选节点时，每次离开原来的碰撞体就会触发。

O 按下：两种情况。在有拣选节点时，射线指在拣选节点上按下所选键位会触发；当无拣选节点时，每次按下所选键位就会触发。

O 释放：两种情况。在有拣选节点时，射线在拣选节点上按下所选键位后释放会触发，当无拣选节点时，释放所选键位就会触发。

O 长按：两种情况。在有拣选节点时，射线指在拣选节点上并长按会触发，射线离开拣选节点不会再触发；无拣选节点时，长按会触发。

O 无操作时：在 6~10 不触发时程序从这里往下走。

O 是否按下：指定按钮是否被按下。

O 拾取对象：射线检测到的碰撞体对象。

注意，射线是通过碰撞体来检测的，请将需要与射线交互的物体生成碰撞体。

（10） VR 手柄模型替换

功能：替换手柄模型。该触发器同样需要先下载安装 VR 相机插件。

O 需要替换的手柄模型。

O 需要替换哪一个手柄，左右手柄都可选。

O 需要重置手柄模型时设置为真。

注意，一旦此参数设置为真，则设置的新模型不会起作用。

（11）计时器

功能：指定的时间到期后，会触发指定的事件。手动设置计时秒数后，将需要触发的事件连接到"激活"端口后，当计时结束即可执行之后的功能。如果想要循环计时，则将"循环"的值设置为"True"。实现了按下按钮后，延时 1s 后输出一个"Null"信息的功能。如果将"循环"的值改为"True"，则按下按钮后，每隔一秒就输出一个"Null"信息。

（12）任务组合

功能：此功能不复杂，只是需要同时判断几个条件是否成功，只有都成功后，才会触发后续的流程。需要注意的是，一般组合判断都是放在流程的最后（拆分任务），这样可以先得到正确的条件结果后再进行判断。在鼠标拖动的流程下，检测鼠标是否按下，并结合是否按下了 W 键，如果两者都满足的话，我们就输出一个"Null"信息。另外，比较常见的用法还有检测是否几个按键都同时按下了，或者配合鼠标拣选的结果可以创作出一些独特的组合模式。

（13）重置场景

功能：将场景初始化为刚加载时的状态。注意，如果修改了材质则不会对材质进行重置，因为材质是独立存在的文件（相关内容可参考材质部分）。

（14）切换场景

功能：从当前场景切换到指定场景，在"场景路径"属性中输入场景所在的路径即可指定想要切换到的场景。场景路径可以通过在文件面板中右键场景文件（.scene 后缀），点击"复制路径"快速获取，脚本实现了点击按钮后从当前场景切换到 2D 场景，并在切换成功时输出一个"Null"信息的功能。

（15）多人协同

多人协同是引擎提供的在线异地编辑的功能，触发是使用的鼠标之不可见 Area 触发，触发后播放了一段位移动画，可看到两端是可以同步进行的。

功能：对多个客户端（使用了相同脚本和资源的）进行同步显示处理，目前同步的属性包含：空间位置姿态、显隐、albedo 颜色和纹理。

（16）动画播放

功能：对指定的动画播放器节点（AnimationPlayer 节点）中的指定动画进行触发播放，可指定其播放顺序（正向或者逆向播放），也可以指定是否循环播放，也可在动画开始和动画结束的瞬间指定想要进行的后续处理流程。

使用方法如下：点击脚本中的动画播放器节点，在属性面板点击"指定"，然后在弹出的节点列表中选择动画所在的动画播放器节点。指定节点后，在可视化脚本中点击"动画名称"，即可指定对应的动画片段。

此外，其功能还可以将想要观察的节点（必须为 MeshInstance）连接到"观察对象"，运行场景后双击对指定的对象进行观察，并用鼠标中键拖动移动视角。在脚本中的设置方法如图 9-38。

5. 函数，变量，信号的用法

（1）变量和函数（中级内容）

除了一般的连线方式使用的可视化脚本外，我们还可以将处理的逻辑内容进行封装，这部分适合有一些编程基础的人继续学习（入门级的编程理解就可以），所以这里不是讲解变量和函数是什么，而是介绍如何使用它。

变量

我们之前在任务组合节点中用到过变量，它的作用主要是为了记录和中转我们需要用到的一些值。比如有流程 A 和 B，流程 B 需要对一个变量进行判断，那么这个变量可以在流程 A 中获取。

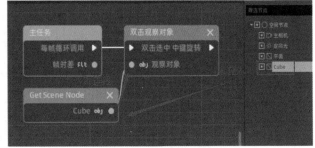

图 9-38 动画播放设置

变量的添加，在左下角的自定义单元的标签页中，可以点击加号添加变量。添加后的变量都是无类型的，需要我们鼠标右键进行编辑，可以设置类型和初始值，变量的名字可以通过单击左侧的列表进行修改。

变量的获取和设置：直接拖曳出来的节点是获取变量的节点，而要设置的话则需要按住 Ctrl+拖曳。

函数

如果使用了函数进行封装的话，那么你的逻辑将不用都写在一起，可以分块处理，这样加上注释（comment）以后，看起来就会更加的清晰，也更方便日后的修改和理解。

当你点击了添加函数后，与变量不同，函数的主体节点就已经被自动放置到编辑页面上了，而当你需要调用它的时候，可以从左侧列表中拖出，连接到你想要调用的流程位置即可。

（2）信号的用法（高级内容）

此处为什么归集到高级内容，这是因为上面的变量和函数，一般稍微接触过程序的人，都应该知道是什么东西，但信号则不一样，信号应该属于中级的程序才能理解比较深一点的内容。

本节不会对原理进行详细的解释，只是大概的说明一下它在引擎中的用法，在引擎中有一些节点类型，比如 Area 类型，当我们在场景节点树中选中后，可以在上面的节点分页里找到此类型支持的信号，如其中的 mouse_entered，顾名思义，这个信号就会在鼠标进入 Area 时触发。

如果选择连接该信号，那么就会自动在脚本中，加入该信号的节点。我们可以直接在信号后面加入想要处理的事件，这里是输出一些信息，信号的逻辑流程也是可以作为单独的流程块来处理的，不需要连接到主任务的后面。

（3）手动添加自定义信号（进阶内容）

除了引擎节点自带的信号外，我们还可以自定义一些信号，用于逻辑模块间的跳转处理，这样也有利于逻辑流程的分块，但分块的同时，也要求用户对于逻辑的理解要更加的深入，否则看到四处分散的逻辑可能会感觉到更加的不适应。

手动创建自定义信号的流程是运行后，我们按下 r 就会触发该信号，与该信号关联的函数也会

被调用。下面详细
拆解一下创建的过
程：

О 首先单击
信号旁边的加号，
创建我们的自定义
信号 new_signal
（名字可以根据需
求更改）。

О 在激活主
任务后（因为只要

图 9-39 信号的用法

绑定一次，所以不需要在循环中一直绑定），链接 connect 节点，进行信号的绑定。绑定节点的信

号参数是字符串，
我 们 输 入 new_
signal 即可。重点
是下面两个参数，
代表了你要把该信
号绑定哪个节点的
哪个函数上，我们
可 以 使 用 get self
函数获取当前脚
本的节点（也就是
最开始添加脚本的
那个节点，在这里
就是场景树的根节
点）。

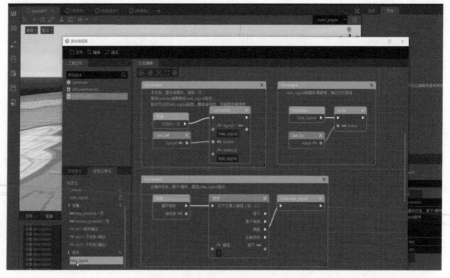

图 9-40 手动添加自定义信号

О 接着需要指定函数，函数也是自己创建的 test_signal 函数，创建的函数都属于该脚本的节点，
所以和 self 的节点是匹配的。

О 最后在 test_signal 中处理我们需要的逻辑就可以了。

总结

可视化脚本有很多的创作可能性，以上仅展示了最关键的入门技术，用户只要多加摸索，就能
写出更好更强的脚本。

三、动画系统

1. 动画编辑概览

如图 9-41 所示，在 IdeaVR 下方点击"动画"，即可出现动画编辑器界面。

在 IdeaVR 中，你可以为属性面板中的任何内容设置动画。如节点转换、子画面、UI 元素、粒子，以及材质的可见性和颜色等。从图可以看到动画编辑器主要由四部分组成：

O 动画控件（控制栏）：添加、加载、保存和删除动画。

O 轨道列表。

O 带有关键帧的时间轴。

图 9-41　动画控制栏

O 时间轴和轨道控件，可以在其中缩放时间轴和编辑轨道。

（1）创建一个 AnimationPlayer 节点

使用动画编辑器工具，首先要创建一个 AnimationPlayer 节点，通过 AnimationPlayer 节点可以创建任何简单或复杂的动画效果。

AnimationPlayer 节点可以理解为存放动画数据的容器。一个 AnimationPlayer 节点可以存放多组动画数据，这些动画可以相互转换。

提示：可以通过快速创建菜单栏，快速创建一个动画播放器节点。

（2）计算机动画依赖于关键帧

如果需要节点能够具有动画功能，则可以在动画轨道上为该节点的某些特定属性设置关键帧。即：关键帧定义了节点属性在某一时间点的值。

如图 9-42 所示，动画轨道中菱形代表时间轴中的关键帧。两个关键帧之间的线表示这两帧之间所对应节点属性的值未被更改。IdeaVR 引擎会在关键帧之间插值，使得关键帧之间的数值随着时间逐渐变化。如图 9-43 的红色箭头所示。

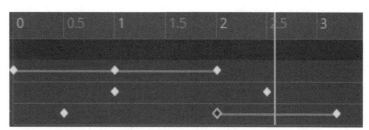

图 9-42　动画关键帧

提示：当编辑完动画之后，为了能够快速检验动画效果，可以单击动画轨道上方的播放按钮。此外，也可以使用快捷键 Shift+D 播放动画。

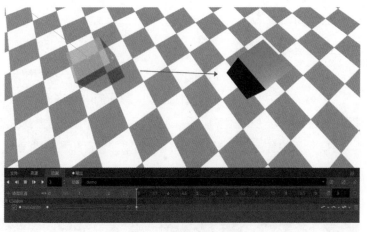

图 9-43 数值变化

2. AnimationPlayer 节点属性

在概览了简易动画制作流程之后，我们再浏览一下 AnimationPlayer 的常用节点属性。

（1） 动画播放器

O 根节点：该 AnimationPlayer 节点所属根节点的名称，可以更改其当前的根节点为当前场景中的其他节点。

O 当前动画：该节点绑定的动画。

O 编辑轨道：该 AnimationPlayer 节点是否可以编辑动画。

（2） 一些公共节点属性

O 多人协同：多人交互的通用节点属性。

O 脚本：节点绑定的脚本属性。

3. 动画编辑器设置

下面我们来看一看动画编辑器当中的常用设置细节。

（1） 调整动画时长

图 9-44　动画时长

在图 9-44 中的红色框内，可以设置需要的动画时长。此外，最后的"循环"符号表示在动画播放时是否开启循环播放状态。

（2） 跟踪设置

图 9-45　末尾设置

每个轨道的末尾都有一个设置面板（见图 9-45）。可以在其中设置更新模式、轨道插值以及循环模式。轨道的更新模式（图 9-46）主要是告诉 IdeaVR 何时更新属性值。其可以是：

O 连续：更新每个帧的属性值。

O 离散：仅更新关键帧上的属性值。

O 触发器：仅更新关键帧或触发器上的属性值。

○ 捕获:将记住属性的当前值,它将与所找到的第一个动画键混合。

在正常动画中,通常使用"连续",其他类型用于编写复杂动画的脚本。

轨道插值告诉 IdeaVR 如何计算关键帧之间的帧值(图 9-47)。其支持
以下插值模式:

图 9-46 更新模式

○ 临近:基于最近的关键帧值。

○ 线性:基于两个关键帧之间的线性函数计算设置值。

○ 三次方:基于两个关键帧之间的三次方函数计算设置值。

图 9-47 轨道插值

三次方插值使得物体的运动更加自然,并且动画的速度在关键帧上较慢,
在关键帧之间速度较快,三次方插值通常用于角色动画。线性插值更加适合
机械运动(如机器人等)。

IdeaVR 支持两种循环模式,如果动画设置为循环播放,则该属性会影响
动画的播放行为。

○ 切断循环插值器:选择此选项后,动画将在此轨道的最后一个关键帧之后停止。当再次到
达第一个关键帧时,动画将重置为其值。

○ 环绕间隔:选择此项后,IdeaVR 将计算最后一个关键帧之后的动画,以便再次到达第一个
关键帧的值。

(3) 其他属性关键帧

IdeaVR 不会限制你只编辑三维变换属性,每个属性都可以用作轨道,我们可以在节点的许多属
性面板中设置关键帧,实现动画效果。

4. 相机动画

通过以上的学习,相信你已经可以自己制作出一些动画效果了。下面我们要再介绍一种特殊的
动画特效——相机动画。

在虚拟的三维世界中,"相机"是一个特殊的节点,它是我们在虚拟世界中的"眼睛",没有"相
机"节点,我们便无法从屏幕上看到想要看到的虚拟场景,因此,相机和动画的结合便成为一种特
殊的动画特效。

首先,我们创建一个 AnimationPlayer 节点,将当前场景的相机节点作为该 AnimationPlayer
节点的子节点,如图 9-48 所示。接下来,在动画编辑器中为相机设置旋转和平移的变化,为
MainCamera 节点设置平移和旋转属性。在这些属性中,为平移设置了两个关键帧,为旋转设置了
四个关键帧。

设置完后,为了能够在运行场景之后直接看到我们的相机动画效果,不要忘记勾选"加载后自
动播放选项"。最后,运行当前场景,就可以看到我们制作的最终相机动画了。

提示: 更详细的交互与 UI 内容请访问 IdeaVR 2021 官方网站 **用户手册 /3. 交互与 UI/ 动画系统,**
观看案例和动图演示(http://ideavr.top/avatar/help/)。

四、UI系统介绍

本节介绍如何使用阿凡达中的 UI 视口。

1. 平面控件

基础控件（快速创建）

这里讲解制作 UI 界面时最常使用的三个节点。

O 标签：用于显示文字。

O 按钮：创建按钮。

O 纹理图：主要用于背景或静态图像。

（1）标签

标签会将文本打印到屏幕上。我们可以在属性栏的"标签"部分找到其所有属性。将文本写入文本属性，可以分别使用对齐和垂直对齐将文本水平和垂直对齐。勾选自动换行属性可以让文本在达到标签的最大宽度时换到下一行。文字裁剪的作用则是可以让标签进行任意程度的缩放，当标签大小小于字体大小时，字体会被裁剪。

图 9-48 创建 AnimationPlayer

（2）按钮

先创建一个可以点击的按钮，然后可以在属性栏为其添加文本和图片。启用扁平可以让按钮扁平化。勾选扩大图标可使按钮中的图片按照按钮大小成比例放大。

在"基础按钮"部分，你会看到一些复选框，这些复选框可更改按钮的行为。切换模式打开时，按下该按钮将在活动状态和正常状态之间切换。默认情况下，"禁用"会使它禁用，行为模式和触发按钮可以决定按钮的行为模式和触发的按键。

（3）纹理图

纹理图 在 UI 内显示纹理或图像。它提供了多种缩放模式，设置拉伸模式属性可以更改其行为。

O 拉伸并缩放（兼容）：只有当扩展属性启用时，才可以缩放纹理以适合节点的边界。否则，其行为类似于保持模式。

O 缩放：缩放纹理以适合节点的边界。

O 平铺：使纹理重复，但不会缩放。

O 保持和保持居中：强制纹理分别保持其原始大小，分别位于框架的左上角或中心。

O 保持比例和保持比例居中：可缩放纹理，但强制保持其原始纵横比（分别位于框架的左上角或中心）。

O 保持比例覆盖：工作方式与保持比例居中相同，但较短的一侧适合边界矩形，而另一侧适合于节点的边界。

我们可以调制 TextureRect 的颜色。展开属性画布 > 可见性，找到调节属性，并单击调节属性，然后使用颜色选择器。

2. 界面介绍

首先是 2D 视口工具栏。接下来将从左向右介绍 2D 视口工具栏经常使用的功能。

图 9-49 2D 视口工具栏

第一个箭头状的按钮为 选择模式 。将鼠标悬停在按钮上可以看到其详细信息。在该模式下，我们可以通过键盘按键 + 鼠标的方式实现节点的移动，旋转，缩放。

如果你不习惯使用键盘 + 鼠标的操作模式，可以通过点击这三个按钮在移动，旋转，缩放这三种模式下进行切换。

下一个按钮可以防止节点因为误点击而移动。顾名思义，选择一个节点，点击这个按钮后，节点后会出现该图标，同时该节点的子节点在场景中全部都无法通过鼠标选中（但是在场景树中还是可以选择的）。

关于第六个和第七个按钮。通过鼠标悬停时显示的详细信息可以清楚地知道其用途。 点击左边按钮后，我们可以通过点击场景中的某一处知道该处有多少个重合的节点。 而右边的这个锁形状的按钮可以锁定节点的位置，相关节点锁定后节点位置和场景树上都会出现该图标。第八个按钮的作用是设置对象的旋转中心。一般来说节点默认的旋转中心是在该节点的左上角，点击该按钮后，你可以将选中节点的旋转中心设置在任意位置。第九个按钮为平移模式。点击该按钮后，我们可以通过按住鼠标左键在场景中滑动实现画面的平移。第十个按钮为标尺模式。在这个模式下，你可以通过按住鼠标左键进行长度和角度的测量。

接下来的三个按钮都是与吸附相关的。这三个按钮可以控制吸附功能的开关，吸附的对象和方式。

视图按钮。这个部分管理着场景中一些辅助条件的显隐，可以按照你的喜好进行针对性调整。

3. UI 元素的基本操作

（1） UI 工作区设置大小和位置

关于 UI 元素大小和位置的设置，可以直接在场景中进行大致的调整排版，然后在属性栏中的 **UI 组件 > 矩形** 中进行微调即可。

（2） 锚点的作用

锚点 表示每条边的参照值。这个参照值是 相对于父节点的百分比取值 。 UI 相关的节点具有位置和大小，同时也具有锚点和边距。锚定义节点的左、上、右和下边缘的原点或参考点。节点默认的锚点位置在场景中坐标的原点，可以通过鼠标拖动对锚点位置进行修改。

在 IdeaVR 中，锚点的作用是给 UI 自适配用的。一般来说，我们不需要手动调整锚点，因为在布局按钮中已经有常用的锚点组合。

注意：布局按钮只有在选择节点后才会显示。

4. UI 元素的制作与修改

（1） 平面 UI 自适应窗口大小

如果我们通过鼠标拖曳元素进行排布的方式制作出了一个 UI 界面，那么很可能会碰到 UI 没法自适应窗口大小的问题。出现这类问题的原因通常是没有正确设置锚点导致的。此时你只需要使用布局中的方法进行简单的修改即可。首先需要调整根节点的锚点位置，如果你需要整个 UI 界面全部自适应窗口大小，那么在布局中选择"整个矩形"即可。之后，只需要将你希望自适应窗口大小的元素在布局中选择"保持长宽比"。这样，再次运行你会发现，进行过以上操作的元素已经可以自适应屏幕大小了。

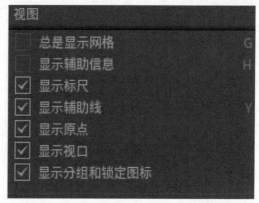

图 9-50 视图按钮内部选项

（2） 空间 UI 的实现原理与制作方法

关于空间 UI 的实现原理，实际上就是使用 Viewport 节点，将制作好的 UI 作为反照率纹理呈现到 3D 场景创建的网格节点（MeshInstance）上。接下来介绍具体步骤：

O 制作一个 UI 并将它保存为场景。

O 创建一个新的 3D 场景。

O 创建一个 Viewport 节点。

O 将 UI 场景放到 Viewport 节点下。

O 将 viewport 大小调整为 UI 界面的大小。

图 9-51 空间 UI

O 新建一个 MeshInstance 节点。

O 创建一个 PlaneMesh 网格。

O 新建一个 spatialmaterial 材质。

O 点击材质球下拉列表，选择"本地化到场景"选项。

O 点击材质球展开参数，找到漫反射下的纹理参数，点击下拉菜单创建一个 Viewporttexture（视口纹理）。

O 将视窗路径调整为刚才创建的 Viewport 节点。

O 点击 MeshInstance 网格实例中的网格展开参数，找到翻面，勾选"启用"，然后将网格的大小位置调整至你希望的大小位置即可。

以上就是空间 UI 的制作方法。

（3）主题设置与修改

本节介绍修改平面控件的颜色和字体的基本方法。

关于颜色的修改，所有基础的平面控件节点的属性中都会有"画布"。找到这一栏，在"颜色调节"中可以进行相关控件自身及其子节点的颜色修改，而"自身颜色调节"只针对于控件本身颜色进行修改。

关于字体的修改，Button 和 Label 节点可以对字体的样式、颜色、大小进行修改。在节点属性中的"UI 控件"中找到"自定义字体"，创建一个"DynamicFont"，在其中的"字体数据"中可以导入自己的字体，并且在"设置"中可以调整字体的大小，勾选"使用过滤器"可以让字体变的光滑。另外，也可以在"自定义颜色"中对字体颜色进行修改。

提示：更详细的交互与 UI 内容请访问 IdeaVR 2021 官方网站 **用户手册 /3. 交互与 UI/ UI 系统介绍**，*观看案例和动图演示（http://ideavr.top/avatar/help/）。*

3 第三单元 垃圾分类 VR 案例

本单元将综合前面的学习内容，包括 IdeaVR 编辑器的基本操作，以及引擎的物理与特效，动画和交互等部分。从而展现这些功能典型的应用场景。垃圾分类 VR 案例共分：场景搭建与场景美术、场景特效制作、动画制作、交互制作四个部分。该

图 9-52 案例的完成场景

案例希望达成的目标是将某些垃圾放进正确的垃圾桶时会出现正确的动画和粒子效果，如放进错误的垃圾桶时则会出现错误的动画和对应的音效。其是一个 VR 案例，需要佩戴 VR 头盔和手柄来实现垃圾的拾取和投掷。图 9-52 为案例完成场景的效果。

图 9-53 拖入素材

一、场景搭建与场景美术

素材的导入与场景美术效果设置。

（1）打开 IdeaVR 引擎，新建 - 空场景 - 命名为垃圾分类 2021- 创建并编辑；

（2）在文件资源面板空白处右击鼠标，点击"在资源管理器中打开"效果如图 9-53；

（3）将场景素材文件夹拖入刚打开的文件夹（垃圾分类 2021）中。关闭文件夹，IdeaVR 自动导入素材文件，效果如图9-54所示；

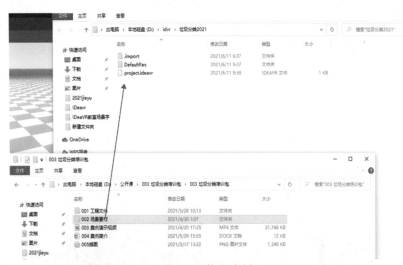

图 9-54 拖入素材

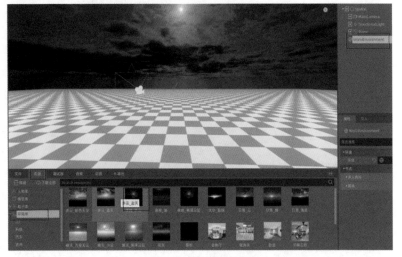

图 9-55 添加环境预设

图 9-56 拖入素材

(4) 在资源库中找到环境库，选择合适的预设环境拖入视图窗口，为场景添加环境预设效果。

如图 9-55 所示；

(5) 在场景树中将光标定位在根节点，并将文件资源面板中的模型素材"总地面"拖入进场

图 9-57 创建三角静态网格实体

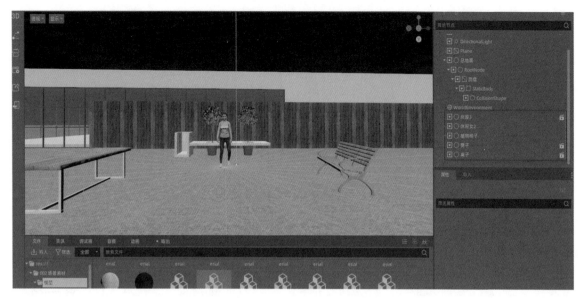

图 9-58 导入房屋 3、人物、植物、椅子、凳子、桌子等

景中，右击"总地面"模型点击使用本地命令。如图 9-56 所示；

（6）点击总地面节点下面的"圆盘"节点，为其赋予泥土地面材质并创建三角静态网格实体。如图 9-57 所示；

（7）导入模型"房屋 3"点击快捷工具栏的当前中心点聚焦，将轴心快捷定位到模型中心方便调整。在资源面板中的人物库中拖入人物模型，以人物模型为参照物更改房屋大小以及位置。分别再导入模型"人物、植物、椅子、凳子、桌子"更改其位置以及大小，效果如图 9-58 所示；

图 9-59 导入垃圾桶

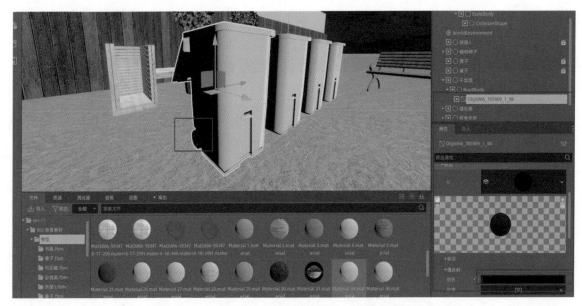

图 9-60 编辑材质

（8）导入垃圾桶模型使用本地，以人物为参照物更改其大小，并复制为四份重命名为"干垃圾、湿垃圾、有害垃圾、可回收垃圾"，再摆放在合适位置。如图 9-59 所示；

（9）选择干垃圾桶更改材质 0 颜色为黑色（点击材质 0，在弹出的材质属性中更改漫反射颜色），如图 9-60 所示；

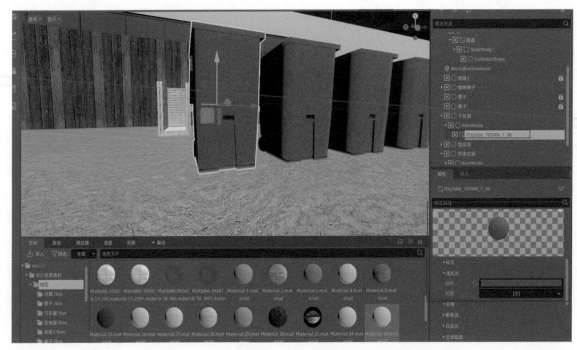

图 9-61 设置蓝色

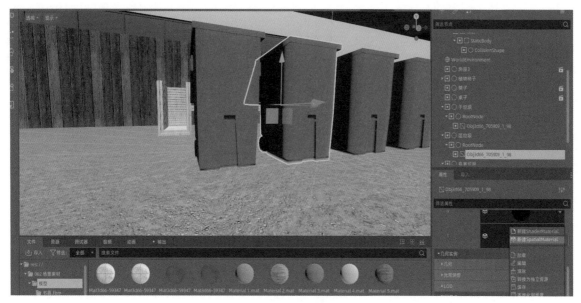

图 9-62 新建材质 1

（10）将材质 1 的颜色更改为蓝色（点击材质 1，在弹出的材质属性中更改漫反射颜色），如图 9-61 所示；

（11）选择湿垃圾桶材质 1 点击后方倒三角，新建材质 1，如图 9-62 所示；并将材质 1 的颜色

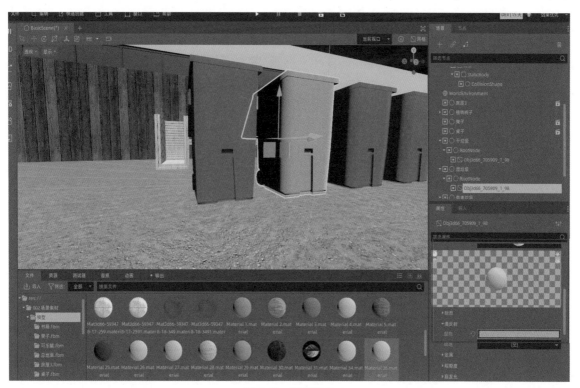

图 9-63 设置黄色

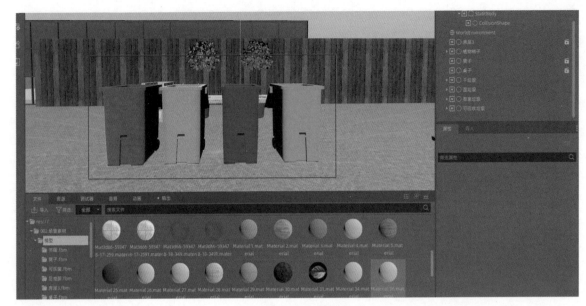

图 9-64 编辑材质颜色

更改为黄色，如图 9-63 所示；

（12）重复前一步的操作方法为"有害垃圾""可回收垃圾"，新建材质 1，并更改颜色分别为"红色""绿色"，如图 9-64 所示；

（13）点击工具菜单栏 > 编辑器设置 > 模型面板展示设置更改为详细。如图 9-65 所示；

图 9-65 设置详细

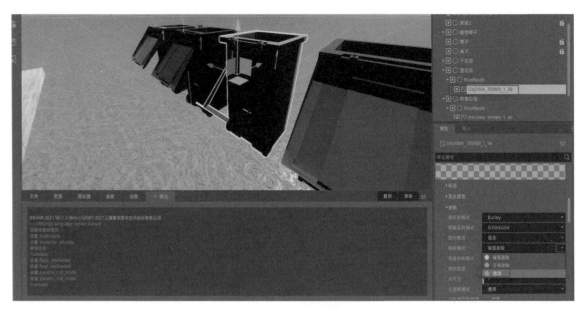

图 9-66　设置剔除模式

（14）分别将垃圾桶的材质 1 内部的参数 - 剔除模式改为禁用。如图 9-66 所示；

（15）分别为每个垃圾桶创建三角网格静态实体，如图 9-67 所示；

图 9-67　创建三角网格静态实体

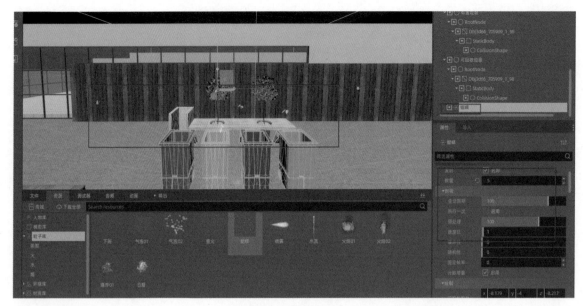

图 9-68 创建蝴蝶粒子

（16）将光标定位在根节点下，在粒子库中拖入蝴蝶粒子，更改数量并调整其位置。如图 9-68 所示；

（17）将光标定位在干垃圾节点下，快速创建 > 空间触发器，并更改其位置大小（大小调整不可直接缩放，要通过更改三个球之间的距离调整），让其填满垃圾桶内部空间，命名为 gljcf。如图 9-69 所示；

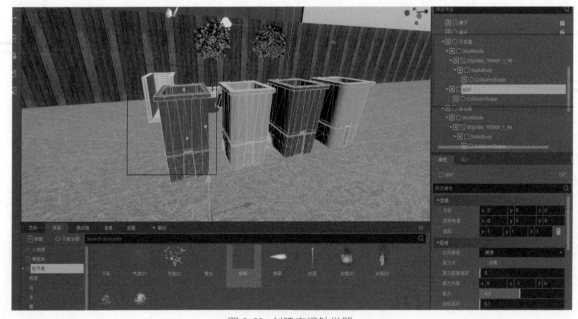

图 9-69 创建空间触发器

图 9-70　继续创建空间触发器

（18）　重复前一步的操作，为剩余垃圾桶都创建空间触发器分别命名为"sljcf""yhljcf""khscf"。

如图 9-70 所示；

（19）　分别复制每个垃圾桶内的触发器，让每个垃圾桶都包含两个触发器。如图 9-71 所示；

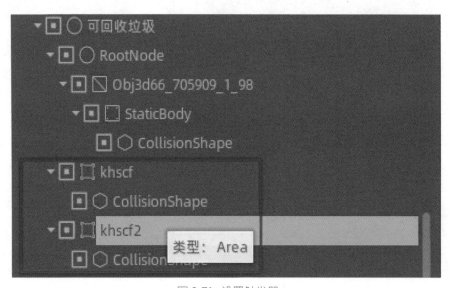

图 9-71　设置触发器

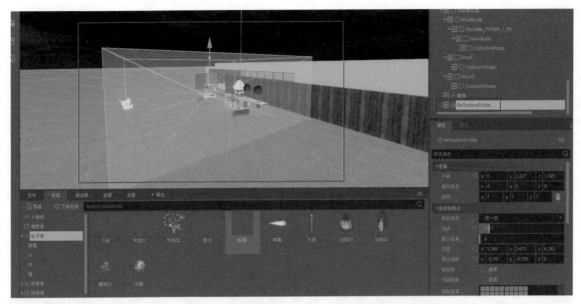

图 9-72　创建 ReflectionProbe

（20）将光标定位在根节点，点击场景树左上方"+"新建"ReflectionProbe"，并通过调整小球距离更改大小，如图 9-72 所示（ps 黑色天空反射探针不明显，白色天空反射探针效果明显）；

（21）将光标定位在根节点，在文件资源面板中将可乐、书籍、碟子、蛋糕、药品、药品 2 等都导入进来。如图 9-73 所示（如出现贴图不正确可重新赋予贴图）；

（22）右击蛋糕选择使用本地，将"archmodels76_009_06"节点单独移出与蛋糕平级，再将

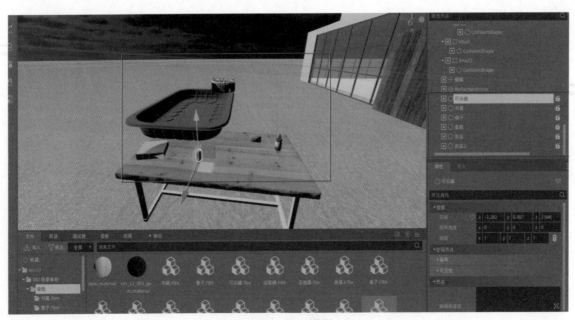

图 9-73　导入模型

图 9-74 编辑蛋糕

蛋糕节点删除，然后再将"archmodels76_009_06"重命名为蛋糕，如图 9-74；

（23）重复上一步的操作，分别将"pCube5""aa_final_nurbsToPoly1""Obj3d66_477020_1_113""SJ_01""Obj3d66_515927_2_141"移出并且重命名。如图 9-75 所示；

（24）将场景中的原相机删除，在资源库中下载 VR 相机头盔版插件，点击安装，并根据软件

图 9-75 编辑其他节点

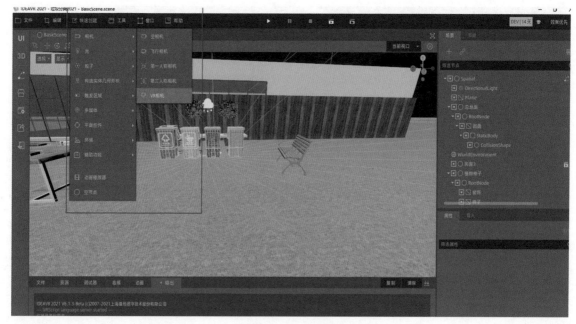

图 9-76 创建 VR 相机

提示进行重启，再点击快速创建 > 相机 > VR 相机。如图 9-76 所示。

二、场景特效制作

（1）分别更改可乐、书籍、碟子、药品、药品 2、蛋糕节点的大小以及位置。如图 9-77 所示；

（2）光标定位在可乐节点，点击场景树上方"＋"，为节点创建"RigidBody"，再创建"CollisionShape"，并为"CollisionShape"创建碰撞形状（BoxShape）更改三节点之间的父子级关系，同时更改碰撞形状大小。如图 9-78 所示（需要注意的是"RigidBody、CollisionShape 的三轴缩放值为 1＊1＊1"）；

图 9-77 调整模型大小和位置

图 9-78　编辑可乐节点

（3）　为桌子添加三角网格静态实体，并且更改"CollisionShape"的碰撞形状为"BoxShape"更改大小，如图 9-79 所示；

（4）　重复前一步的操作分别为书籍、碟子、药品、药品 2、蛋糕添加"RigidBody""CollisionShape"，并且创建碰撞形状，更改 CollisionShape 大小，并将"RigidBody"重命名为书籍、

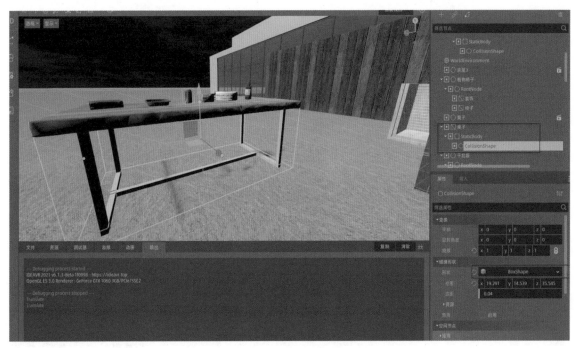

图 9-79　编辑桌子

图 9-80 编辑其他节点

碟子、药品、药品 2、蛋糕。如图 9-80 所示；

（5） 在模型库导入面片"plane"创建材质，为材质赋予干垃圾贴图，并打开标志 > 透明选项，自发光开启发蓝色光芒（与垃圾桶类似的颜色），同时，旋转缩放置与垃圾桶正前方位置处（节点拖入干垃圾节点下）。效果图如 9-81 所示；继续为其余三个垃圾桶创建"plane"，并设置相应的贴图；

（6） 在文件资源面板中分别选中两个音频，在属性面板将（循环模式关闭）之后点击下方的

图 9-81 干垃圾贴图

图 9-82　编辑音频

重新导入。如图 9-82 所示；

　　（7）　分别创建 3D 音频播放器，将正确与错误音频分别赋予音频播放器的流之中，并分别命名（正确、错误）。如图 9-83 所示。

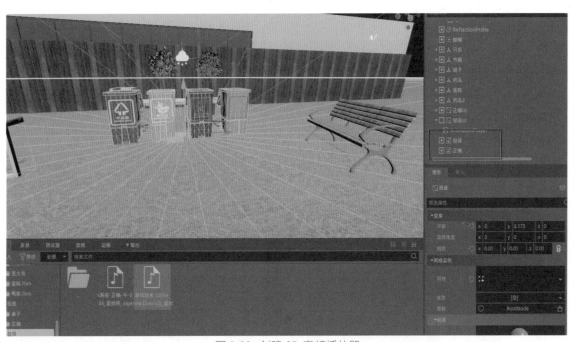

图 9-83　创建 3D 音频播放器

三、动画制作

（1）在模型库中导入"plane"，命名为正确UI，进行缩放平移，移动到合适的位置。如图 9-84 所示；

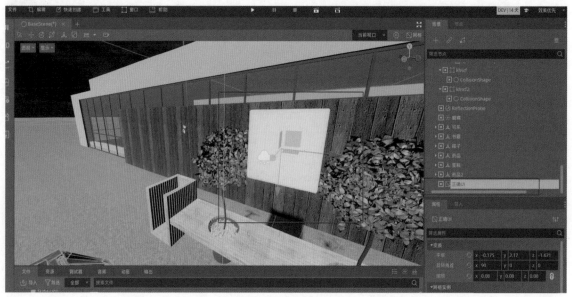

图 9-84 编辑 plane

（2）将光标定位在"正确 UI"节点，点击场景树上方"＋"，创建动画播放器。选择动画播放器，在动画面板上右击动画，选择新建动画效果如图 9-85 所示；

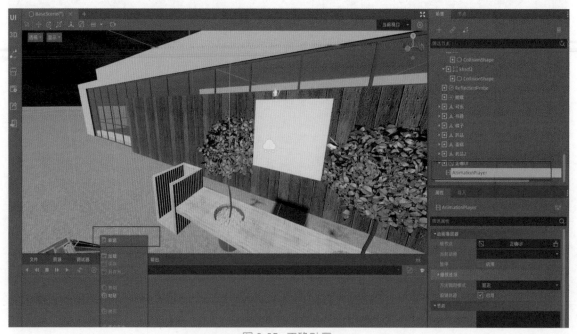

图 9-85 正确动画

（3）　新建动画"正确"，将时间改为 3 秒，选择正确 UI 节点新建材质，将材质改为透明，纹理图赋予（贴图 - 正确 - 合成一），并点击钥匙按钮记录关键帧。如图 9-86 所示；

图 9-86　制作动画

（4）　接下来将动画指针滑动倒 0.1 秒位置处，重新赋予贴图"合成二"并记录关键帧，以此类推将所有贴图赋予记录关键帧，最终在 2.7 秒左右将节点可见性隐藏，如图 9-87 所示（最终动画时间为 3 秒）；

图 9-87　记录关键帧

（5）　将指针滑动到 0 秒位置处，点击动画 > 保存。如图 9-88 所示；

（6）　重复（1）、（2）步的操作方法，新建错误 UI 和动画播放器，并且新建错误动画。如图 9-89
所示（贴图为贴图文件夹下的错误 1）；

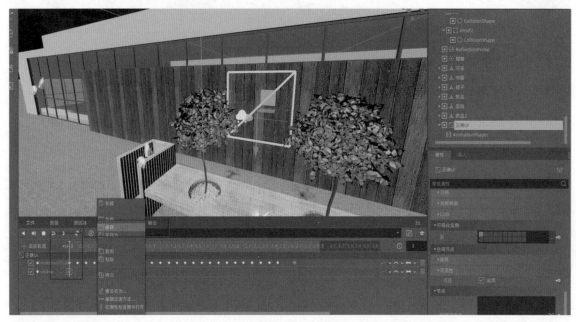

图 9-88　保存动画

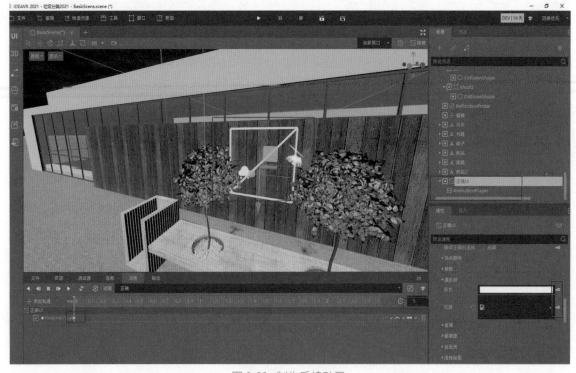

图 9-89　制作后续动画

（7） 为错误 UI 制作显隐动画，控制节点可见性，达到闪耀的效果，如图 9-90。

图 9-90 显隐动画

四、 正确分类交互制作

（1） 将光标定位在根节点，点击场景树上方"为选中节点创建或设置脚本"，在弹出的设置脚本节点窗口点击新建，创建脚本编辑器。效果如图 9-91 所示；

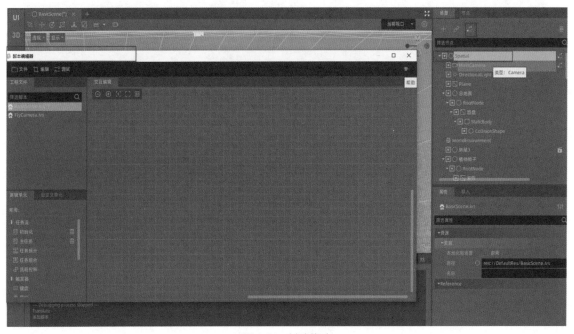

图 9-91 创建脚本

（2）　在脚本编辑器中拖入主任务、任务拆分、空间触发器（Area 节点指定 gljcf，触发节点指定碟子）、动画播放器（指定正确 UI 的正确动画）、正确 3D 音频播放器的播放中。连接方式如图 9-92 所示；

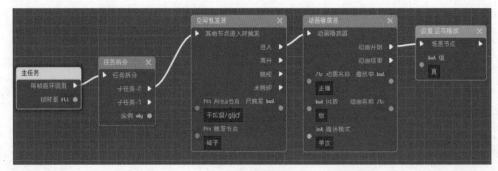

图 9-92　编辑脚本

（3）　在脚本编辑器中将任务拆分的任务数量增多，拖入空间触发器（Area 节点指定 sljcf，触发节点指定蛋糕）。连接方式如图 9-93 所示；

（4）　余下的正确动画触发方式也是采用第（3）步的连接方法。完成后效果如图 9-94 所示。

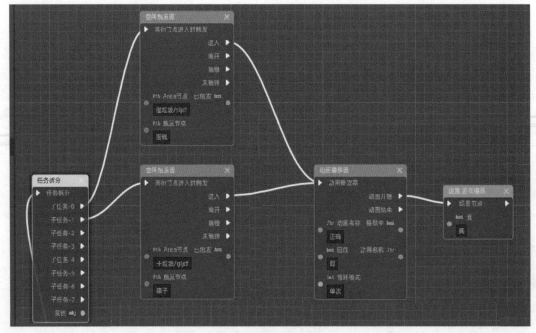

图 9-93　编辑空间触发器

五、错误分类交互制作

（1）　将光标定位在可乐节点，点击场景树上方"为选中节点创建或设置脚本"，在弹出的设置脚本节点窗口点击新建，创建脚本编辑器；

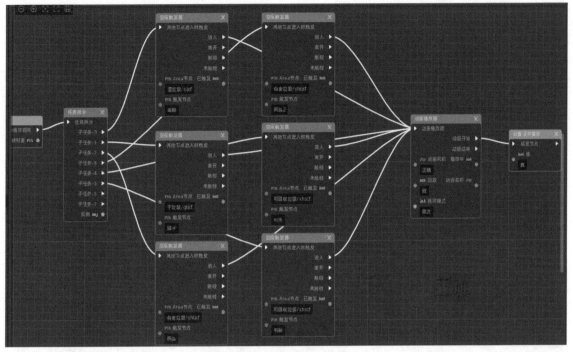

图 9-94 编辑正确动画触发方式

(2) 在脚本编辑器中拖入主任务、任务拆分、空间触发器(Area 节点指定 gljcf2,触发节点指定可乐)、动画播放器(指定错误 UI 的错误动画)、错误 3D 音频播放器的播放中。连接方式如图 9-95 所示;

(3) 为可乐节点分配其他错误的垃圾桶触发器,并分别连接。如图 9-96 所示;

(4) 其余垃圾同理采用可乐的连接方式进行连接,如图 9-97 ～ 9-101 所示。

六、手柄拾取交互制作

(1) 手柄拾取交互制作,首先将需要拾取的 RigidBody 的属性面板内的可休眠关闭。点击总地面为总地面创建脚本编辑器, 将主任务,任务拆分,手柄触发器,以及不同垃圾节点中的 RigidBody ＊ 2,右击脚本编辑器空白处输入 Type cast(点击 Type cast 逻辑块,在属性面板点击基础类型,分配"RigidBody"),在 Type cast"yes"处连接线同时按住 Ctrl 弹出搜索可视化脚本节点搜索"print",必须先断开"Type cast"与"print"的 obj 连接, 然后在 Type cast 的 obj 处连接线,同时按住 Ctrl 弹出搜索可视化脚本节点搜索(Linear Velocity)进行连接,连接方式如图 9-102 所示;

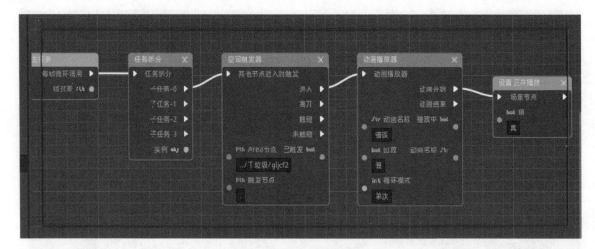

图 9-95 错误分类的脚本

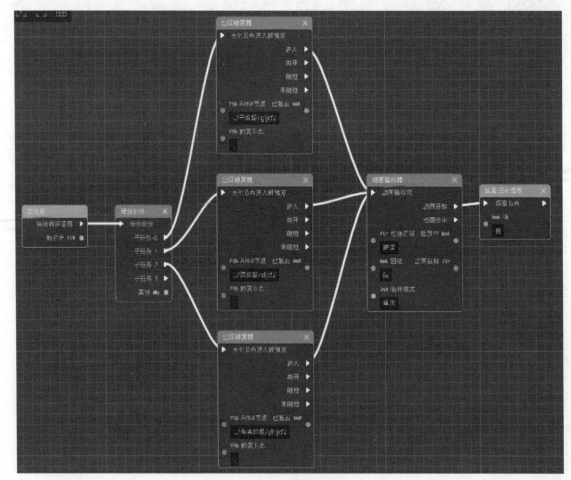

图 9-96 可乐脚本

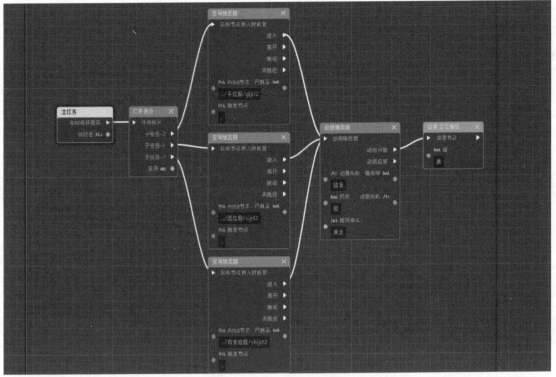

图 9-97 其余垃圾的交互脚本

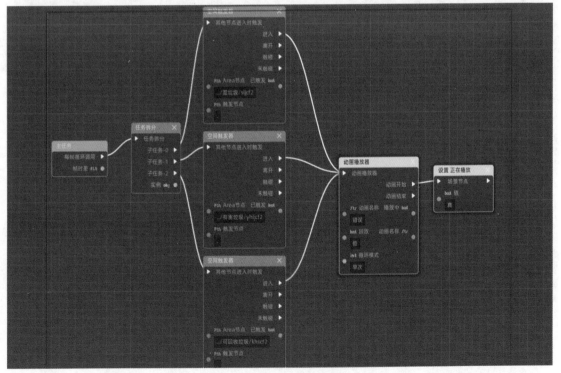

图 9-98 其余垃圾的交互脚本

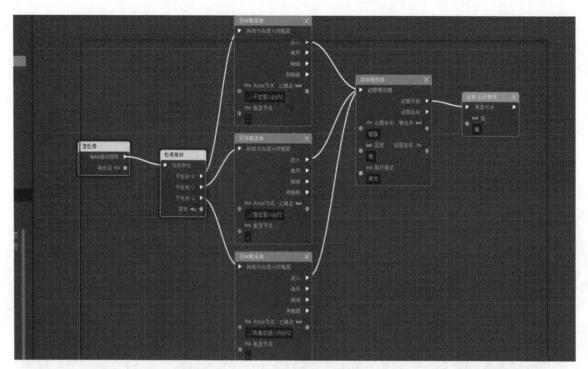

图 9-99 其余垃圾的交互脚本

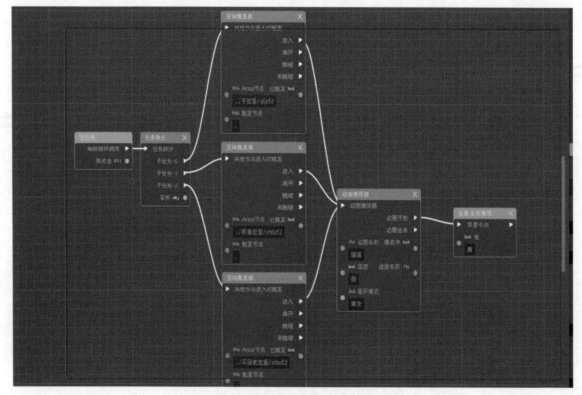

图 9-100 其余垃圾的交互脚本

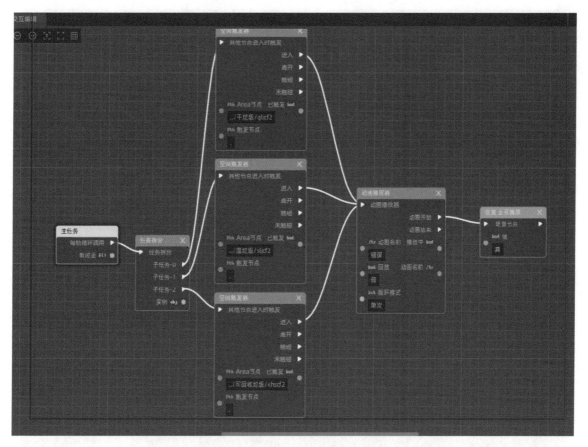

图 9-101 其余垃圾的交互脚本

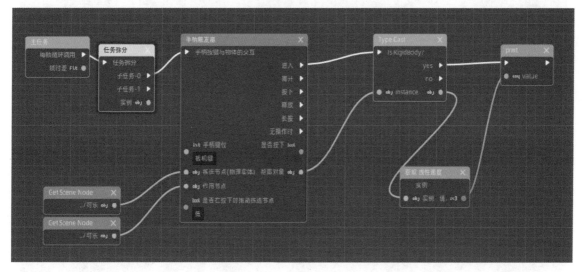

图 9-102 手柄拾取交互脚本

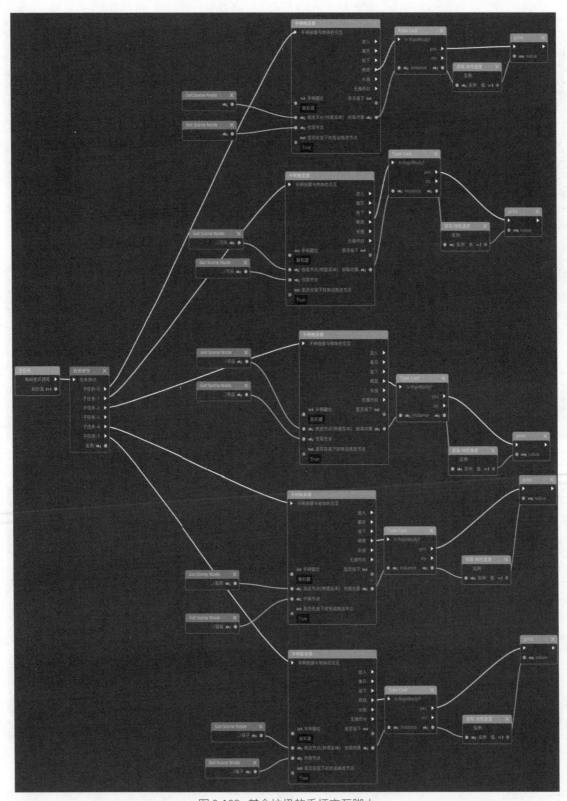

图 9-103 其余垃圾的手柄交互脚本

图 9-104 打包发布 -1

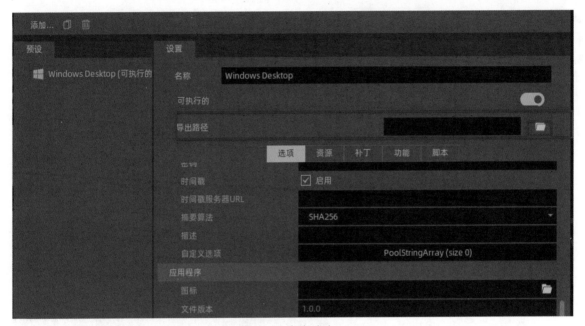

图 9-105 打包发布 -2

（2） 同理其他垃圾模型的连接方式也是采用这样的方式进行连接，如图 9-103。

七、场景打包与发布

（1） 保存项目后点击工具，管理导出模板，并检查当前版本是否已经安装最新版，如果没有安装就需要重新安装一下；

（2） 点击最左侧导出按钮，点击添加，选择 Windows desktop 桌面端，如图 9-104 所示；

（3） 选择导出路径，点击导出项目，保存即可完成导出，效果如图 9-105 所示。

本案例完成。

此案例可参考 bilibili.com 网站"IdeaVR2021 第二期线上公开课"（垃圾分类案例）视频教程。
https://www.bilibili.com/video/BV1ih411Y79c?spm_id_from=333.999.0.0&vd_source=d449579bf
d2096acfa9f1e571937b412

4 第四单元 项目设置与导出

一、项目设置

1. 常规

（1）应用程序

A. 配置

O **名称**：设置项目名称。

O **描述**：设置项目描述。

O **使用用户自定义路径**：开启 /
关闭用户自定义路径。

O **用户自定义路径名称**：设置用
户自定义路径。

O **项目设置重载**：设置重载项目
文件。

O **图标**：设置项目图标。

O **MacOS 原生图标**：设置 MacOS 图标。

O **Windows 原生图标**：设置 Windows 图标。

O **自动接收退出（PC）**：开启 / 关闭自动退出命令。

O **返回时退出（安卓）**：开启 / 关闭返回键退出。

图 9-106　配置

B. 运行（如图 9-107）

（2）渲染

A. 质量

B. VRAM 压缩

C. 限制

D. 环境

E. CPU 光照渲染器

（3）显示

A. 窗口（如图 9-108）

B. Dpi

允许 Hidpi 并允许 Hidpi 渲染。High Dots Per Inch，每英寸包含数量更多的像素。

C. 垂直同步

D. 立体

E. 节能

F. 手持

G. IOS

H. 拉伸

（4）鼠标光标

A. 自定义图片

鼠标光标的自定义图像（限制为256x256）。

B. 自定义图像热点

自定义鼠标光标图像的热点。

C. 工具提示位置偏移

工具提示的位置偏移，相对于鼠标光标的热点。

2. 物理（如图 9-109）

（1）通用

A. 物理帧数

每秒固定的迭代次数。

B. 物理抖动修正

图 9-107　运行

图 9-108　窗口

图 9-109　物理

修正了物理抖动，特别是在刷新率不同于物理 FPS 的显示器上。

C. 启用对象选择

启用对象选择视口。

（2） 二维

物理引擎，设置用于 2D 物理的物理引擎。

（3） 三维

A. 物理引擎

设置用于 3D 物理的物理引擎。

B. 启用 SoftBody

设置是否创建支持 SoftBody。只适用于 Bullet 物理引擎 默认重力 3D 中的默认重力强度。

C. 默认重力向量

3D 中的默认重力向量。

D. 默认线阻尼

3D 中的默认线性阻尼。

E. 默认角阻尼

3D 中的默认角度阻尼。

F. 平滑三角网格碰撞

3. 输入设备

（1） 手势输入

（2） IOS

触摸延迟，触摸延迟时长。

鼠标模拟触摸，如果勾选，则在单机或拖动鼠标时发送触摸输入事件。

触摸模拟鼠标，如果勾选，则在触摸屏上点击或滑动时发送鼠标输入事件。

4. 用户界面

（1） 通用

A. 交换 Ok 和 Cancel

如果勾选，则在 Windows 和 UWP 的对话框中交换"确定"和"取消"按钮以遵循界面约定。

B. 逐像素对齐

如果勾选，则启用逐像素对齐。

（2） 主题

A. 使用 Hidpi

如果勾选，请确保使用的主题与 HiDPI 一起使用。

B. 自定义

用于项目的自定义主题资源文件的路径。

C. 自定义字体

自定义字体资源的路径，用作项目中所有 GUI 元素的默认值。

5. 层级名称

（1） 三维渲染

可设置 3d 渲染层级名称。

（2） 三维物理

可设置 3d 物理层级名称。

6. 编辑器

编辑器的主要运行参数指运行项目时附加到 IdeaVR 自己命令行的命令行参数，这不会影响编辑器本身。

7. 文件系统

（1） 导入

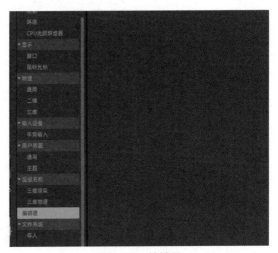

图 9-110　编辑器

A. 开放资源导入

O 支持 Stl 格式：支持 Stl 格式资源导入。

O 使用 Fbx：支持使用 Fbx 导入。

二、打包与发布

1. 导出功能介绍

（1） 导出概念

在完成一个可运行的项目后，可以将该项目导出发布成其他人可运行的软件包。这样方便与他人之间进行项目的交流和分享，导出的方式取决于导出的平台。

（2） 主场景及其设置

由于发布出来的可执行文件会按照我们预先指定的流程进行执行，所以我们在制作内容的时候，可在 IdeaVR 的编辑器里制作多个场景文件，为了确保发布出来的程序能够正常识别需要执行的场景，我们还需要制定当前项目的主场景文件。

在导出前，首先需要设置主场景，在 IdeaVR 中有三种主场景的设置方式：

第一种，在编辑器下方的文件窗口选择需要设置为默认启动的场景文件，然后点击鼠标右键，在弹出的菜单中选择设为主场景。

第二种，打开左侧项目设置，在常规窗口中选择应用程序下拉框，在运行界面里选择运行栏，设置主场景。

第三种，通过快捷键 F5 运行整个项目，如果你未设置主场景，此时 IdeaVR 会提醒你选择一个场景去设置为主场景。

（3） 管理导出模板

导出需要下载导出模板，导出模
板是为每个平台预先编译的不带编辑
器的引擎优化版本。我们可以直接通
过点击 IdeaVR 上方工具菜单，找到管
理导出模板进行下载。

（4） 导出设置

在导出模板安装成功后，我们需
要先进行导出设置才能够正常使用发
布功能。用户可以通过点击编辑器左
侧的导出按钮来配置导出设置。

然后在弹出的窗口中点击选中需
要导出项目所需的预设。在导出窗口
下方有导出项目按钮和导出 PCK/ZIP
按钮。

导出项目：创建游戏的完整可执
行版本，如 Android 的 apk 文件或者
Windows 的 exe 文件。

导出资源包：只创建项目数据的
打包版本，不包含可执行文件，该项
目无法单独运行。

点击高级选项按钮，在资源和功
能选项卡中，用户可以自定义导出项
目。如导出模式，筛选或者排除文件 /
目录等。如图 9-112。

图 9-111　管理导出模板

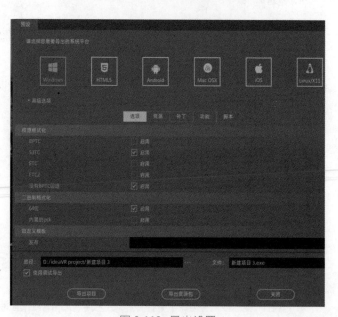

图 9-112　导出设置

2. 常见平台的导出方式

（1） Windows 端导出方式

导出的系统平台选择 Windows，根据需求进行编辑对应预设，指定导出项目的名称和目标
文件夹，然后点击导出项目，单击保存（也可跳过导出项目路径的设置，直接点击导出项目，
内容将会导出到项目的根目录当中），IdeaVR 将自动构建导出文件。

（2） Web 端导出方式

在导出 Web 版本时，在创作内容和导出时请选择右上角性能优先，否则会导致运行失败或
者显示不正常！

在导出发布前如果想在浏览器中预览效果，可以点击右上角帮助旁边的按钮 进行预览。

项目导出发布至 HTML5，直接使用默认设置进行导出即可，选定导出目标文件夹（也可跳过文件路径设置，点击"导出项目"，直接导出到"项目根目录"当中），在导出时，如果勾选了使用调式导出选项框，导出的项目运行时，控制台窗口会显示对应 log。如果不需要，请不要勾选它。

导出完成后在导出项目文件夹中可以看到"web_server_win"，双击运行它就会自动将页面弹出来。如果是 Mac 用户请双击"start"以启动运行。

（3）Android 端导出方式

图 9-113　下载 Android SDK

导出到安卓平台，首先需要进行如下的配置：

下载 Android SDK，只需要 SDK 中的命令行工具。如图 9-113 所示。

安装 OpenJDK8，JDK9 和以后的版本暂不支持。

配置一个 debug.keystore：安卓需要调试密钥库文件才能安装到设备并分发非发行版 APK。如果你以前使用过 SDK 并已构建项目，则 ant 或 eclipse 可能会为你生成一个。

在编辑器设置中，需要设置三个文件的路径：一是找到电脑上 ADB 的路径并设置；二是找到 Jarsigner 的路径并设置；三是找到调试密钥库并设置。这些配置完成后，一切准备就绪，我们就可以导出到安卓平台，如图 9-114 所示。

ADB: 安卓调试桥，是用于与 Android 设备通信的命令行工具。它是随 SDK 一起安装的，但需要安装一个（任意）Android API 级别才能将其安装在 SDK 目录中。

Jarsigner：用于给项目签名的工具，表明该软件已经通过了签署者的审核。随后，下载导出模板，并在导出页面中，设置导出路径（也可跳过文件路径设置，点击"导出项目"，直接导出到"项目根目录"当中），随后我们点击导出项目，在导出路径下就会生成一个用于在安卓设备上安装的安装包 .apk 文件。

之后，我们可以选择通过命令行安装 apk 到设备，在命令行中输入：adb install -r 附上你

图 9-114 路径设置

的项目 apk 的路径，或直接将 apk 导入设备进行安装！

注意：如果电脑上没有配置 adb 的环境变量，就在 adb.exe 路径下使用命令行工具（cmd）输入安装命令；有配置好环境变量的情况下，可在任意位置使用命令行工具（cmd）输入安装命令。

[1] 黄心渊. 虚拟现实导论——原理与实践 [M]. 高等教育出版社，2018.

[2] 刘甜甜, 朱瑞富, 周清会. 虚拟现实引擎 IdeaVR 创世零基础快速入门 [M]. 山东大学出版社，2019.

[3] 张杰. VR 融合文创产业的发展 [J]. 电子技术与软件工程，2020.

[4] 曾小芳. 虚拟现实技术在智慧图书馆中的应用 [J]. 电子技术，2022.

[5] 吕云, 王海泉, 孙伟. 虚拟现实——理论、技术、开发与应用 [M]. 清华大学出版社，2019.

[6] [美] 杰伦·拉尼尔（Jaron Lanier）. 虚拟现实：万象的新开端 [M]. 中信出版社，2018.

[7] 欧梦吉, 刘永贵. 虚拟现实技术教学应用影响因素研究综述 [J]. 软件导刊，2022.

[8] 邱鹏, 史文杰. 虚拟现实技术在实训教学中的应用研究 [J]. 中国设备工程，2022.

[9] 李哲. VR 游戏爆发前夜：如何让"虚拟"走向现实？[N]. 中国经营报，2022.

[10] 齐建亮. 虚拟现实技术在电脑游戏中的有效应用 [J]. 数字通信世界，2022.

[11] 张露予等. 基于虚拟现实技术的三维游戏设计策略 [J]. 信息与电脑 (理论版)，2022.

[12] 王睿, 姜进章. 论虚拟现实中电影与游戏的边界 [J]. 中州学刊，2022.

[13] 张依依. 虚拟现实增强现实和扩展现实对沉浸式体验至关重要 [N]. 中国电子报，2022.

[14] 韩冀. 虚拟现实技术在游戏设计中的运用 [J]. 艺术大观，2021.

[15] 钱文君. 5G 时代下 虚拟现实技术在 VR 游戏中的应用发展 [J]. 新闻传播，2021.

[16] 王紫薇. 虚拟现实游戏沉浸式传播对受众心理的影响机制研究 [D]. 山东大学，2021.

[17] 赵锐, 宋军. 基于虚拟现实的影视交互设计应用 [J]. 青春岁月，2022.

[18] 王廷轩. VR 电影的艺术探索与未来 [J]. 视听界，2022.

图书在版编目（CIP）数据

虚拟现实技术与实践：IdeaVR2021操作实务 / 陈昌辉著 . -- 上海：上海科学普及出版社，2022.8

ISBN 978-7-5427-8140-6

Ⅰ . ① 虚… Ⅱ . ① 陈… Ⅲ . ① 虚拟现实 Ⅳ . ① TP391.98

中国版本图书馆 CIP 数据核字 (2022) 第 107805 号

责任编辑　何中辰

虚拟现实技术与实践——IdeaVR2021 操作实务

陈昌辉　刘康平　周清会　主编

上海科学普及出版社出版发行

上海中山北路 832 号　邮政编码：200070

http://www.pspsh.com

各地新华书店经销　　上海盛通时代有限公司印刷

开本　787×1092　1/16　印张 11　字数 210000

2022 年 7 月第 1 版　　2022 年 7 月第 1 次印刷

ISBN 978-7-5427-8140-6

定 价：58.00 元

本书如有缺页、错装或损坏等严重质量问题，请向工厂联系调换

联系电话：021-37910000